I0073263

TURBINEN MIT DAMPFENTNAHME

EIN BEITRAG ZUR BERECHNUNG DER ANZAPFTURBINEN

VON

DIPL.-ING. DR. AUG. KRIEGBAUM

MIT 98 ABBILDUNGEN IM TEXT

MÜNCHEN UND BERLIN 1913
DRUCK UND VERLAG VON R. OLDENBOURG

Alle Rechte einschließlich das der Übersetzung vorbehalten

Herrn Geh. Hofrat Professor Dr. M. Schröter

in dankbarster Verehrung gewidmet.

Inhaltsübersicht

Abschnitt I.

Zur Berechnung der Turbinen.

Seite

Einleitung 1
Der Entnahmedruck 3
I. Dimensionierung und Wirkungsgrad 3
A$_1$) Zweikränzige Düsenturbinen (Curtis-Turbinen, gleichwinklig) . . . 3
a) Wirkungsgrad am Radumfang 4
α) Das Verhältnis u/c_1 4
1. Die zweistufige Turbine mit ungleichen Raddurchmessern . . 4
2. Die zweistufige Turbine mit gleichen Raddurchmessern . . . 12
3. Die dreistufige Turbine mit ungleichen Raddurchmessern . . 15
4. Die dreistufige Turbine mit gleichen Raddurchmessern . . . 18
Entnahme nach Stufe I 18
Entnahme nach Stufe II 21
β) Winkelgrößen und Geschwindigkeits-Koeffizienten 22
1. Düsenneigungs-Winkel α_1 22
2. Die Geschwindigkeits-Koeffizienten 23
b$_1$) Der indizierte Wirkungsgrad. ($E/G = 0$) 28
1. Die zweistufige Turbine mit ungleichen Raddurchmessern . . 29
α) u/c_1 in beiden Stufen gleich 29
β) u/c_1 in beiden Stufen voneinander verschieden 31
2. Die zweistufige Turbine mit gleichen Raddurchmessern 36
3. Die dreistufige Turbine mit gleichen Raddurchmessern 39
b$_2$) Der indizierte Wirkungsgrad, ($E/G > 0$) 41
A$_2$) Zweikränzige Düsen-Turbinen mit beliebigen Schaufelwinkeln . . 43
B) Leitrad-Turbinen 43
C) Kombinierte Turbinen 45
II. Die Leistung 46
III. Dampf- und Wärmeverbrauch 51
1. Dampfverbrauch 51
2. Wärmeverbrauch 52

Seite

Die Dampfentnahme 54
Ergänzungen 57

Abschnitt II.

Die Entnahmeturbine unter verschiedenen Betriebsbedingungen.

A) Betrieb mit automatischem Niederdruck-Regulierventil 61
a) Drosselregelung im Hochdruck- und Niederdruckteil der Turbine . 61
1. Betrieb bei Vollast 72
α) Reiner Gegendruckbetrieb ($E/G = 1$) 72
β) Reiner Kondensationsbetrieb ($E/G = 0$) 73
γ) Eigentlicher Entnahmebetrieb ($E/G > 0 < 1$) 74
2. Betrieb bei Teillast 77
α) Reiner Gegendruckbetrieb ($E/G = 1$) 77
β) Reiner Kondensationsbetrieb ($E/G = 0$) 78
γ) Eigentlicher Entnahmebetrieb ($E > 0 < 1$) 79
b) Füllungsregelung im Hochdruck- und Drosselregelung im Niederdruckteil der Turbine 83
1. Betrieb bei Vollast 84
α) Reiner Gegendruckbetrieb ($E/G = 1$) 84
β) Reiner Kondensationsbetrieb ($E/G = 0$) 84
γ) Eigentlicher Entnahmebetrieb ($E/G > 0 < 1$) 85
2. Betrieb bei Teillast 88
c) Wirtschaftlichkeit beider Regelungsarten 88
1. Dampf- und Wärmeverbrauch für die Leistungseinheit am Radumfang 88
2. Dampf- und Wärmeverbrauch für die Leistungseinheit an der Radnabe bzw. Turbinenwelle 90
d) Bestimmung der Dampfentnahme aus Druck- und Temperaturbeobachtungen 101
1. Drosselregelung 102
2. Füllungsregelung 103
B) Betrieb ohne automatisches Niederdruck-Regulierventil. (Drosselventil in der Heizdampfleitung) 104
a) $G = 12000$ kg/Std. 105
1. Reiner Kondensationsbetrieb. $E/G = 0$ 105
2. Entnahmebetrieb. $E/G = 25\%$ 109
3. Entnahmebetrieb. $E/G = 50\%$ 116
Zusammenfassung 129

Einleitung.

Rechnungs- und erfahrungsmäßig hat man nachweisen können, daß in einer Reihe industrieller Betriebe unter besonderen Umständen die Dampfkraftanlage wieder das Feld behaupten kann, das ihr die im Laufe der Zeit entstandenen anderen Kraftmaschinenarten in dem Maße streitig machten, als deren Entwicklung fortgeschritten ist.

Die vorgenannten besonderen Fälle sind gegeben:

1. Wenn große Mengen entspannten Arbeitsdampfes sozusagen als Nebenprodukt des Betriebes entstehen, wie dies z. B. bei Dampfförderanlagen in Bergwerksbetrieben der Fall sein kann. Dieser Abdampf entwich, soweit er nicht für Heizzwecke Verwendung fand, meist nutzlos in die Atmosphäre. Er besitzt noch einen beträchtlichen Wärmeinhalt, also inneres ausnützbares Arbeitsvermögen, das in Abdampfmaschinen in wirtschaftlicher Weise in äußeres (mechanische Arbeit) umgewandelt werden kann durch weitere Entspannung des Dampfes bis auf einen Druck, dessen Grenzen in der Hauptsache durch die Kühlwassertemperatur des Kondensators gezogen sind.

2. Wenn in Betrieben neben mechanischer bzw. elektrischer Energie noch solche in Form von Wärme für Heiz-, Koch- oder sonstige industrielle Zwecke in großen Mengen gebraucht wird. Der zweckmäßigste Träger von Wärme für die vorgenannten Verwendungsmöglichkeiten ist erfahrungsgemäß Wasserdampf niederer Spannung, dessen Erzeugung früher meist in besonderen Niederdruckkesseln oder durch Drosseln höher gespannten Dampfes geschah. Sie kann weit wirtschaftlicher dadurch erfolgen, daß man in Hochdruck-

kesseln Arbeitsdampf erzeugt, mit diesem die Kraftmaschine speist und ihn ihr entzieht, nachdem er in ihr Arbeit verrichtet und einen gewünschten niederen Druck erreicht hat.

Vorstehende Umstände ergeben die Gruppierung der Maschinen, die zur wirtschaftlichen Erzeugung und Nutzbarmachung von Niederdruckdampf im Laufe der Zeit entstanden sind.

ad 1. Je nachdem die Kraftmaschine nur mit Abdampf oder im Hochdruckteil mit Frischdampf, im Niederdruckteil mit Abdampf gespeist wird, unterscheidet man reine Abdampfmaschinen und Frischdampf—Abdampf- oder Zweidruckmaschinen.

ad 2. Diese Gruppe umfaßt die Gegendruck- und die Entnahme- oder Anzapfmaschinen; die ersteren haben wir vor uns, wenn, nach Erreichung der gewünschten Spannung, der Maschine der gesamte Dampf entzogen wird, die letzteren dann, wenn dies nur mit einem Bruchteil der zugeführten Dampfmenge geschieht und der Restdampf in der Maschine arbeitverrichtend weiter expandiert.

Ist das Feld der Abdampfverwertung fast ausschließlich der Dampfturbine wegen ihres besseren Wirkungsgrades zugefallen, ja durch sie erst praktisch abbaufähig geworden, so hat sich die ältere Kolbenmaschine für mäßige Leistungen als Gegendruck- und Anzapfmaschine bis in die neueste Zeit noch erfolgreich am Wettkampf um die Behauptung beteiligt.

Mit der Anzapfturbine werden sich die folgenden Ausführungen insbesondere beschäftigen, während bei Untersuchungen allgemeiner Natur auch die übrigen Turbinengattungen, zum Teil als Grenzfälle, ins Bereich der Betrachtungen gezogen werden, wobei letztere auch auf Kolbenmaschinen sinngemäße Ausdehnung finden können.

Abschnitt I.

Zur Berechnung der Turbinen.

Das Verwendungsgebiet der Anzapfturbine erstreckt sich auf Betriebe, in denen Krafterzeugung und Heizung in bestimmtem Sinne vereinigt sind. Dimensionierung, Leistungsentwicklung im Hoch- und Niederdruckteil der Turbine, Wirkungsgrad, Dampf- bzw. Wärmeverbrauch der Anlage usw. hängen, außer von anderen Größen, noch insbesondere ab von dem Druck des Heizdampfes p_e (kg/qcm) und dem Verhältnis der Heizdampfmenge E (kg/Std.) zu der in den Hochdruckteil der Turbine eintretenden Dampfmenge G (kg/Std.).

Wir untersuchen in diesem Abschnitt den Zusammenhang der vorgenannten wichtigen Daten einer Turbine, ihre Abhängigkeit von den beiden Hauptveränderlichen p_e und E/G und die Bedingungen, die zu einem Höchstwert des Wirkungsgrades der wirtschaftlichen Energieumwandlung führen. Dabei beschränken wir uns auf die in der Praxis vorkommenden Ausführungsformen von Turbinen und teilen diese für vorliegenden Zweck in zwei Gruppen, in die Düsenturbinen mit wenigen und in die Leitradturbinen mit vielen Stufen, nachdem einstufige Turbinen praktisch nur geringe Bedeutung erlangt haben und als Entnahmeturbinen im eigentlichen Sinne nicht vorkommen.

Der Entnahmedruck.

I. Dimensionierung und Wirkungsgrad.

A_1) Zweikränzige Düsenturbinen (Curtis-Turbinen, gleichwinklig).

Für die folgenden Betrachtungen über den Einfluß des Entnahmedruckes p_e auf die maßgebenden Größen sollen als konstant vorausgesetzt werden:

Der Druck p_1 (kg/qcm abs.) und die Temperatur t_1 (° C) vor der ersten Düsenreihe der Turbine, der Druck p_c (kg/qcm abs.) im Abdampfstutzen, die durch den Hochdruckteil gehende Dampfmenge G, die zwischen Hoch- und Niederdruckteil entnommene Dampfmenge E und damit auch die durch den Niederdruckteil gehende Dampfmenge $G—E$ (kg/Std.). Diese Dampfmengen seien die größten, die die Turbinen bei den gegebenen Drücken im Hoch- bzw. Niederdruckteil aufnehmen können, also die, mit denen sie auch ihre Höchstleistung entwickeln. Vorausgesetzt sei ferner, daß die Turbinen in ihren Querschnitten für vorgenannte Dampfmengen bei stoßfreiem Eintritt richtig bemessen sind. Die Regulierung spielt bei den Betrachtungen des Abschnittes I keine Rolle.

a) Wirkungsgrad am Radumfang.

α) Das Verhältnis u/c_1.

1. Die zweistufige Turbine mit ungleichen Raddurchmessern.

Die Abmessungen einer Turbine sind bei gegebener Tourenzahl, außer durch Leistung und Dampfqualität, hauptsächlich bedingt durch den Wirkungsgrad, den man zu erreichen strebt; die Größe, welche diesen maßgebend beeinflußt, ist, neben anderen Bestimmungsgrößen, das Verhältnis u/c_1 in jeder Stufe; u (m/Sek.) ist dabei die Geschwindigkeit, gemessen am mittleren Umfang der Laufräder, und c_1 (m/Sek.) die absolute Eintrittsgeschwindigkeit des Dampfes in den ersten Laufkranz.

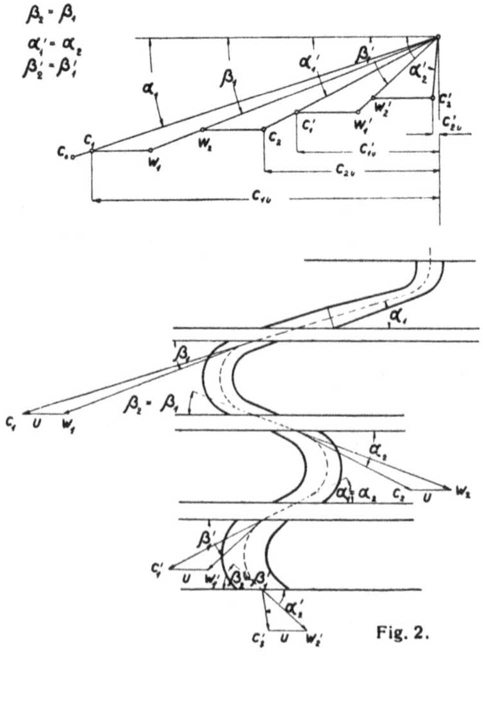

Fig. 2.

Der Ausdruck für den Wirkungsgrad am Radumfang hat für das zweikränzige Curtisrad die bekannte Form:

$$\eta_u = 2\,\varphi^2 (X \cos \alpha_1 - Y\, u/c_1) \cdot u/c_1$$[1]

unter Voraussetzungen, die aus Fig. 1 und 2 ersichtlich sind, daß also:

$$\beta_1 = \beta_2,\ \alpha_1' = \alpha_2 \text{ und } \beta_2' = \beta_1',$$

d. h., daß es sich um gleichwinklige Turbinen handelt. Die Bedeutung der Winkelgrößen geht aus Fig. 2 hervor. φ ist in vorstehender Gleichung der Koeffizient, welcher der Geschwindigkeitsverminderung durch die Dampfreibung, Wirbelung usw. in den Düsen Rechnung trägt; seine Bedeutung läßt die Beziehung:

$$c_1 = \varphi \cdot c_0$$

erkennen, durch welche die theoretische Düsen-Endgeschwindigkeit c_0, welche der Umsetzung eines gegebenen Wärmegefälles in Geschwindigkeitsenergie entspricht, mit der erreichten Geschwindigkeit c_1 verbunden ist. X und Y sind Verlustkoeffizienten, und zwar ist:

$$X = 1 + \psi + \varphi' \cdot \psi + \varphi' \cdot \psi \cdot \psi',$$
$$Y = 2 + 2\psi + \varphi' + 2\varphi' \cdot \psi + \varphi' \cdot \psi \cdot \psi'.$$
(Siehe Dr. Wenger, S. 6.)

Analog φ ist ψ der Koeffizient im ersten Laufkranz. ψ' der Koeffizient im zweiten Laufkranz. φ' der Koeffizient im Umkehrleitrad.

Man erkennt, wenn man konstant bleibende Geschwindigkeitskoeffizienten voraussetzt, aus der Gleichung für η_u, daß bei gleicher Tourenzahl und bei gleichem zur Verfügung stehenden umsetzbarem Gesamtwärmegefälle Φ_0 Kal. (Fig. 3), die Durchmesser der Turbine, wenn gleich große Wirkungsgrade angestrebt werden, insbesondere von der Leistung ganz unabhängig sind; deshalb werden Turbinen kleiner Leistung bei gutem Wirkunsgrad, wenn man von der Zunahme der Schaufellängen und Wellenstärken mit der Leistung absieht, mit nahezu gleichem Materialaufwand gebaut werden müssen wie solche großer

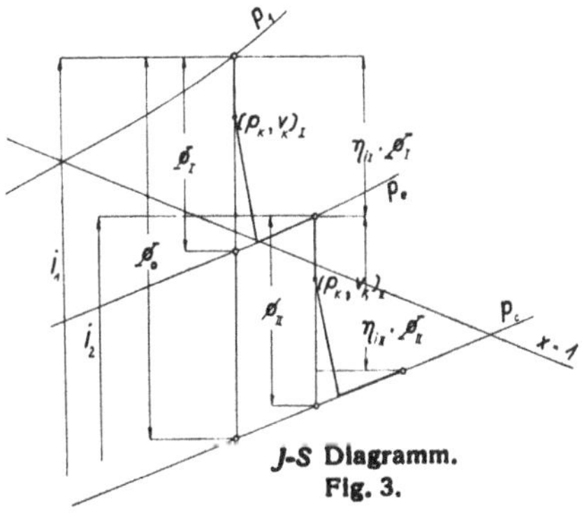

J-S Diagramm.
Fig. 3.

[1] Dr. Wenger, Bestimmung des Maximalwertes des thermodynamischen Wirkungsgrades und der günstigsten Stufenzahl bei Dampfturbinen. Springer 1908, S. 7.

Leistung; umgekehrt werden Turbinen mit zu kleinen Raddurchmessern und, falls es sich um mehrstufige Turbinen handelt, auch mit reduzierten Stufenzahlen einen schlechten Wirkungsgrad aufweisen.

Die Abhängigkeit des Wirkungsgrades von den Abmessungen der Turbine kommt in dem in der Praxis eingeführten Zahlenwert von $\sum_{o}^{s} u^2$ zum Ausdruck, dessen Bedeutung man im Dampfturbinenbau sehr bald erkannt, und dessen Zusammenhang mit dem verarbeiteten Wärmegefälle Φ_0 (Kal.) und dem Wirkungsgrad bzw. dem Verhältnis u/c_1 von Dr. Loschge für die verschiedenen Turbinengattungen klargelegt wurde. (Z. f. d. ges. Turb. 1911, S. 342 u. f.)

Vorstehendes läßt erkennen, daß Dimensionierung und Wirkungsgrad bei der Turbine in einem Abhängigkeitsverhältnis stehen, so daß es gerechtfertigt erscheint, beide zusammen in ihrer Beeinflussung durch je eine der genannten Variablen zu betrachten.

Der Wirkungsgrad der ganzen Turbine $\eta_{u turb}$ hängt ab von dem Wirkungsgrad η_u jeder Stufe, und er wird bei einer gegebenen Gefälleverteilung auf die Einzelstufen dann seinen günstigsten Wert erreichen, wenn er in jeder Stufe der bestmögliche ist.

Wie am Schlusse des Abschnittes gezeigt wird, erreicht der Totalwirkungsgrad der Energieumsetzung in der kombinierten Kraftheizungsanlage, bei der also das Verhältnis E/G von 0 verschieden, aber konstant ist, unter sonst gleichbleibenden Umständen, dann seinen Höchstwert, wenn der Wirkungsgrad der Turbine mit $E/G = 0$, also der, welcher die Umsetzung des zur Verfügung stehenden Wärmegefälles Φ_0 in mechanische Arbeit kennzeichnet und gewöhnlich der thermodynamische genannt wird, ein Maximum wird. Bedingung für dieses Ergebnis ist dabei vor allem, daß diese Turbine (mit $E/G = 0$) dieselbe Verteilung des Gesamtwärmegefälles auf die einzelnen Stufen zeigt wie die Turbine mit $E/G > 0$.

Wenn man sonach nur die Bedingungen kennen will, welche den Wirkungsgrad abhängig vom Entnahmedruck zu einem Maximum machen, so sind diese für die Entnahmeturbine mit $E/G > 0$ die gleichen wie für die Turbine ohne Entnahme mit gleicher Wärmegefällsaufteilung (solange man nur den Wirkungsgrad am Radumfang ins Auge faßt).

Es werden sich deshalb die folgenden Betrachtungen auf den einfacheren Fall beziehen, daß die Entnahmedampfmenge 0 ist, was gleichbedeutend ist mit der Aufgabe, den Einfluß der Druck- bzw.

Wärmegefällsverteilung auf Raddurchmesser und erreichbaren Wirkungsgrad bei einer normalen (Kondensations-) Turbine zu untersuchen. Die Folgerungen, die sich bei dieser Untersuchung ergeben, gelten auch für die Entnahmeturbine mit positivem Wert von E bzw. E/G.

Wie aus dem Aufbau der Gleichung für η_u ersichtlich ist, werden die Einzelstufen der Turbine dann den Maximalwert des Wirkungsgrades aufweisen, wenn sie alle mit d e m Wert von u/c_1 arbeiten, der jenes Maximum in jeder Stufe ergibt. Dieser Wert hängt nur von der Turbinengattung ab und bestimmt sich für zweikränzige Curtisräder, wenn wir, der einfachen rechnerischen Behandlung wegen, uns z u n ä c h s t an sogenannte gleichwinklige Turbinen halten, aus der Gleichung:

$$(u/c_1)_{\text{für } \eta_{u\,\max}} = \frac{X}{Y} \cdot \frac{\cos \alpha_1}{2} \quad \text{(Dr. Wenger, S. 23).}$$

Er ist nur abhängig vom Winkel α_1, dessen Bedeutung aus Fig. 2 hervorgeht, und den Verlustkoeffizienten. Am Schlusse des Abschnittes wird gezeigt, auf welchem Wege man auch für den a l l g e m e i n e r e n Fall der Turbine mit beliebiger Gesetzmäßigkeit über die Annahme der Bestimmungsgrößen für das Geschwindigkeitsdreieck zu einer Lösung der im folgenden gestellten Fragen gelangt.

Sind die Winkel α_1, was meist der Fall ist, in allen Stufen gleich, und setzt man die Geschwindigkeitskoeffizienten zunächst als unabhängig von den Geschwindigkeiten voraus, so besitzt $(u/c_1)\eta_{u\max}$ für alle Stufen denselben Wert. Unter den gemachten Annahmen kann sonach der Wirkungsgrad einer bestimmten Turbinengattung nur dann ein Maximum erreichen, wenn der Wert von $(u/c_1)\eta_{u\max}$ in allen Stufen der Turbine derselbe ist. Diese Forderung bedingt, in Hinsicht auf einen veränderlichen Wert von p_e, verschiedene Werte zunächst für u und damit für den Durchmesser der Einzelstufen.

Bei der zweistufigen Turbine gilt allgemein:

$$\text{für Stufe I:}\ \Phi_{\text{I}} = \frac{A}{2g}\left(\frac{c_{1(\text{I})}}{\varphi_{\text{I}}}\right)^2,$$

$$\text{» » II:}\ \Phi_{\text{II}} = \frac{A}{2g} \cdot \left(\frac{c_{1(\text{II})}}{\varphi_{\text{II}}}\right)^2,$$

wobei $A = 1/427$ das mechanische Wärmeäquivalent und $g = 9{,}81$ m/Sek. die Erdbeschleunigung darstellen. Die Bedeutung von Φ_{I} bzw. Φ_{II} zeigt Fig. 3.

Aus vorstehenden Beziehungen folgt unter Beachtung von:

$$\frac{u_I^2}{u_{II}^2} = \frac{D_I^2}{D_{II}^2}$$

die Gleichung:

$$\frac{\Phi_I}{\Phi_{II}} = \left(\frac{D_I}{D_{II}}\right)^2 \cdot \left(\frac{(u/c_1)_{II}}{(u/c_1)_I}\right)^2 \cdot \left(\frac{\varphi_{II}}{\varphi_I}\right)^2.$$

Für $(u/c_1)_I = (u/c_1)_{II}$ erhält man:

$$\frac{D_I}{D_{II}} = \frac{\sqrt{\Phi_I}}{\sqrt{\Phi_{II}}} \cdot \frac{\varphi_I}{\varphi_{II}}.$$

Durch verschiedene Werte von Φ_I bzw. Φ_{II} wird die Veränderlichkeit von p_e zum Ausdruck gebracht.

Man sieht, daß die Stufe, die das größere Gefälle verarbeitet, auch den größeren Durchmesser besitzen muß, wenn der Wert von φ_I dem von φ_{II} gleichgesetzt wird.

Es ist, wie aus den bisherigen Betrachtungen hervorgeht, mit verschiedenen Raddurchmessern in Stufe I und Stufe II prinzipiell möglich, gleiche Maximalwirkungsgrade in den einzelnen Stufen zu erreichen. Unter der Annahme, daß die Ausführung der Turbine mit d e n Raddurchmessern erfolgt, die den Stufenwirkungsgrad zu einem Maximum machen, würde sich der Gesamtwirkungsgrad der Turbine bestimmen aus der Gleichung:

$$\eta_{u\,turb} \cdot \Phi_0 = (\Phi_I + \Phi_{II}) \cdot \eta_u,$$

nun ist $\Phi_I + \Phi_{II}$ nicht gleich Φ_0, sondern wegen der Möglichkeit der Rückgewinnung eines Teiles der nicht in Arbeit umgesetzten Wärme von Stufe I in Stufe II etwas größer als Φ_0, und zwar $\mu \cdot \Phi_0$, wobei μ einen Koeffizienten bedeutet, der immer größer als 1 ist. Die rückgewinnbare Verlustwärme hängt bei gegebenem Gesamtgefälle Φ_0, wie aus Fig. 4 bzw. 5 hervorgeht, ab von der Gefälleverteilung auf die Einzelstufen, somit von p_e, und von dem Grade der Umsetzung des Gefälles Φ_I in mechanische Arbeit,

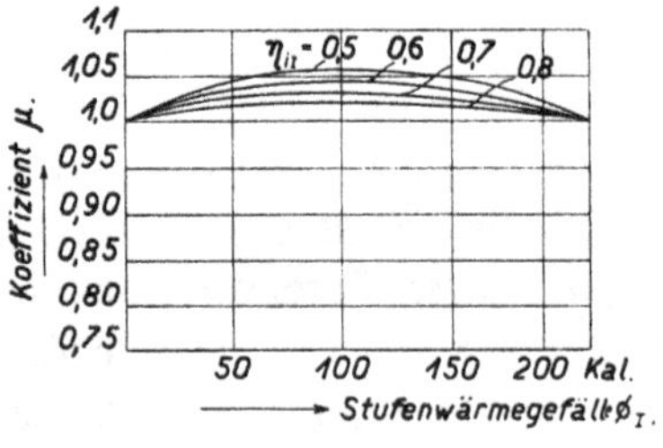

Fig. 4.

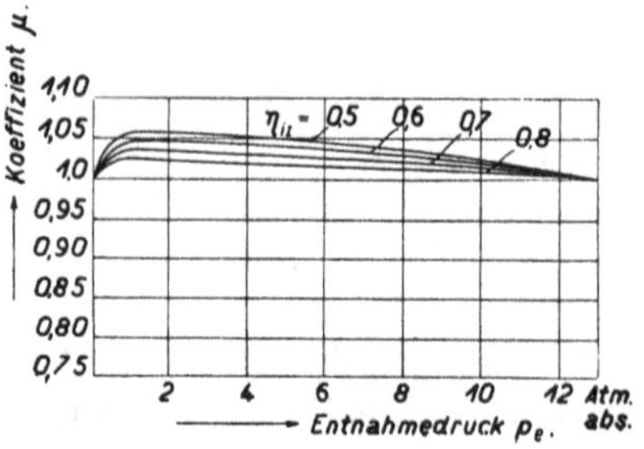

Fig. 5

die an der Radnabe verfügbar wird. Fig. 5 ist aus Fig. 4 und diese aus dem J—S-Diagramm (Fig. 3) abgeleitet, nachdem für bestimmte Verhältnisse die Fig. 6, ebenfalls aus dem J—S-Diagramm (Fig. 3) folgend, den Zusammenhang zwischen p_e und Φ_I erkennen läßt.

Die folgenden Betrachtungen sind an Hand eines Zahlenbeispieles durchgeführt, für das auch die Fig. 4 bis 6 Geltung haben.

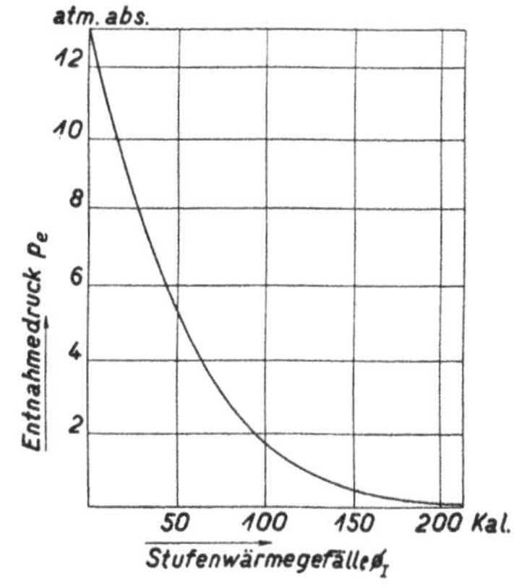

Fig. 6.

Es ist eine zweistufige Curtisturbine mit zweikränzigen Rädern vorausgesetzt, die mit Dampf von $p_1 = 13$ Atm. abs. und $t_1 = 300^0$ C vor der Turbine und mit einem Druck von $p_c = 0{,}06$ Atm. abs. nach der Turbine arbeitet.

Das adiabatische Gesamtwärmegefälle findet sich für vorgenannte Dampfverhältnisse aus dem J—S-Diagramm zu:

$$\Phi_0 = 213 \text{ Kal.}$$

Ändert sich Φ_I in den Grenzen 0 — 213 Kal. bzw. p_e in den Grenzen 13 — 0,06 Atm. abs., so zeigt für diesen Bereich Fig. 4 bzw. 5 für verschiedenes η_i in Stufe I die Veränderlichkeit des Wertes μ, wenn unter η_i der indizierte Wirkungsgrad verstanden wird, also der Quotient:

$$\frac{\text{Äquivalent der Arbeit an der Radnabe}}{\text{Stufengefällle } \Phi_I}.$$

Aus der Beziehung:

$$\Phi_I + \Phi_{II} = \mu \cdot \Phi_0$$

folgt:

$$\eta_{u \text{ turb max}} = \mu \cdot \eta_{u \text{ max}},$$

d. h. der Gesamtwirkungsgrad der Turbine ist größer als der Wirkungsgrad einer Stufe und bei d e m Entnahmedruck am günstigsten, bei dem die Kurve der μ eine horizontale Tangente aufweist. Es gibt nur einen Wert von p_e, bei dem der Turbinenwirkungsgrad $\eta_{u \text{ turb}}$ ein absolutes Maximum besitzt. Der Entnahmedruck liegt in der Praxis zwischen ∾ 1 und 6 Atm. abs., und Fig. 5 läßt erkennen, daß innerhalb dieses Gebietes der Wert von μ verhältnismäßig kleinen Schwankungen unterworfen und zugleich in der Nähe des Höchstwertes gelegen ist.

Nehmen wir die Werte für φ zu 0,95, ψ zu 0,8 und α_1 zu 17° in beiden Stufen einander gleich an, und setzen wir voraus, daß

$$\varphi' = \psi = \psi'$$

ist, so ergibt sich damit in der Gleichung:

$$(u/c_1)_{\eta_{u\,max}} = \frac{X}{Y} \cdot \frac{\cos \alpha_1}{2}$$

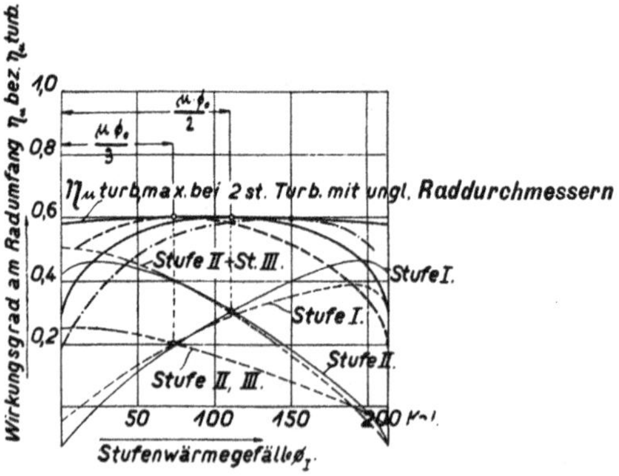

Fig. 7.

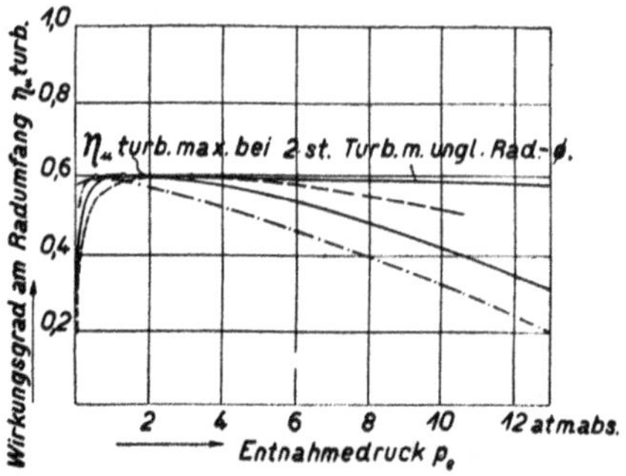

Fig. 8.

——— Höchstwerte von μ_u turb. bei 2-stufigen Turbinen mit gleichen Raddurchmessern.
– – – „ „ „ „ 3- „ „ „ „ „ (Entnahme nach Stufe I.)
–·–·– „ „ „ „ 3- „ „ „ gleichen Raddurchmessern. (Entnahme nach Stufe II.)
——— Beitrag der Einzelstufen zum Gesamtwirkungsgrad bei 2-stufigen Turbinen.
– – – „ „ „ „ „ „ 3- „ „ (Entnahme nach Stufe I.)

der Wert X zu 2,952, Y zu 6,192 und $(u/c_1)_{\eta_{u\,max}} = 0{,}2278$. Für den maximalen Stufenwirkungsgrad $\eta_{u\,max}$ gilt die Beziehung:

$$\eta_{u\,max} = 2\,\varphi^2\,\frac{X^2}{Y} \cdot \left(\frac{\cos \alpha_1}{2}\right)^2 \text{ (Dr. Wenger, S. 24)}$$

er ergibt sich mit vorgenannten Werten für die Geschwindigkeitskoeffizienten zu:

$$\eta_{u\,max} = 0{,}5805;$$

der Verlauf von:

$$\eta_{u\,turb\,max} = \mu \cdot \eta_{u\,max},$$

abhängig vom Stufengefälle Φ_I bzw. dem Entnahmedruck p_e, ist proportional dem Verlauf der μ-Kurven in gleicher Abhängigkeit und in Fig. 7 und 8 zur Darstellung gebracht.

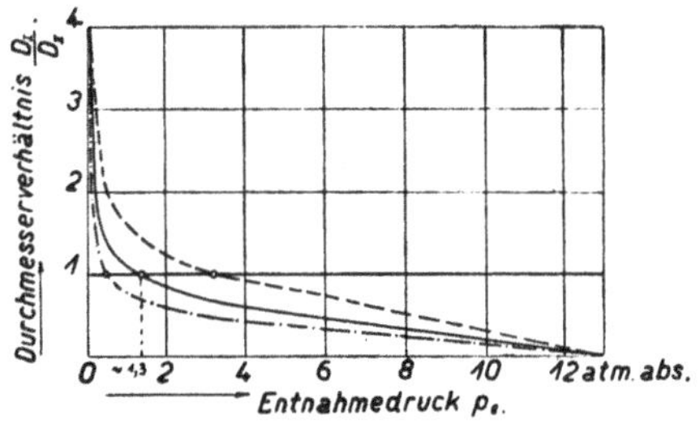

Fig. 9.

——— 2-stufige Turbinen.
– – – 3- „ „ mit Entnahme nach Stufe I.
–·–·– 3- „ „ „ „ „ „ II.

Das Verhältnis der Raddurchmesser, das der Bedingung:

$$(u/c_1)_I = (u/c_1)_{II}$$

entspricht, zeigt Fig. 9. Da genannte Bedingung auch zur Erreichung von $\eta_{u\,turb\,max}$ erfüllt sein muß, so ist dieser Maximalwirkungsgrad auch an das Vorhandensein des Durchmesserverhältnisses geknüpft:

$$\frac{D_I}{D_{II}} = \frac{\sqrt{\Phi_I}}{\sqrt{\Phi_{II}}}.$$

Nur wenn die auf die I. und II. Stufe treffenden Gefälle einander gleich sind, was in unserem Beispiel einem Druck:

$$p_e \cong 1{,}3 \text{ Atm. abs.}$$

entspricht, ergeben Räder gleichen Durchmessers dieses Maximum. Für die Druckgrenzen $p_e = 1$ bis 6 Atm. abs. variiert das Durchmesserverhältnis bei der zweistufigen Turbine nach Fig. 9 von $\sim$ 1,1 bis $\sim$ 0,47, d. h. bei einer Turbine, welcher Dampf beispielsweise mit 6 Atm. abs. entnommen wird, müßte mit Rücksicht auf $\eta_{u\,turb\,max}$ der Durchmesser der zweiten Stufe rund doppelt so groß sein wie der der ersten Stufe. Diese Maßnahme findet man aus konstruktiven Gründen bei ausgeführten Turbinen meist nicht durchgeführt.

2. Die zweistufige Turbine mit gleichen Raddurchmessern.

Es liegt die Frage nahe: welche Einbuße an Wirkungsgrad erleiden wir durch die Ausführung der Turbine mit gleichen Raddurchmessern gegenüber der mit ungleichen Raddurchmessern, und welche Mittel besitzen wir, diese Einbuße zu einem Minimum zu machen?

Aus der allgemein gültigen Beziehung:

$$\frac{\Phi_I}{\Phi_{II}} = \left(\frac{D_I}{D_{II}}\right)^2 \cdot \left(\frac{(u/c_1)_{II}}{(u/c_1)_I}\right)^2 \cdot \left(\frac{\varphi_{II}}{\varphi_I}\right)^2$$

folgt, wenn:

$$D_I = D_{II} \text{ und } \varphi_I = \varphi_{II}, \quad \frac{\Phi_I}{\Phi_{II}} = \frac{(u/c_1)_{II}^2}{(u/c_1)_I^2};$$

weiter gilt:

$$\eta_{u\,turb} = \frac{\Phi_I}{\Phi_0}\,\eta_{u_I} + \frac{\Phi_{II}}{\Phi_0} \cdot \eta_{u_{II}}.$$

η_{uI} und η_{uII} sind Funktionen von $(u/c_1)_I$ bzw. $(u/c_1)_{II}$. Es wird sonach bestimmte Werte von $(u/c_1)_I$ bzw. $(u/c_1)_{II}$ geben, die $\eta_{u\,turb}$ bei gleichen Raddurchmessern zu einem Maximum machen; d. h. jedem Entnahmedruck wird eine bestimmte günstigste Umfangsgeschwindigkeit der Räder zugeordnet sein.

Für zweikränzige Räder gilt nach früherem für den Wirkungsgrad die Gleichung:

$$\eta_u = 2\,\varphi^2\,[X \cos \alpha_1 - Y\,(u/c_1)]\,u/c_1,$$

sonach:

$$\eta_{u\,turb} = \frac{\Phi_I}{\Phi_0}\,2\,\varphi^2\,[X \cos \alpha_1 - Y\,(u/c_1)_I]\,(u/c_1)_I$$
$$+ \frac{\Phi_{II}}{\Phi_0}\,2\,\varphi^2\,[X \cos \alpha_1 - Y\,(u/c_1)_{II}]\,(u/c_1)_{II}.$$

Nun ist:

$$(u/c_1)_{II} = (u/c_1)_I \sqrt{\frac{\Phi_I}{\Phi_{II}}}.$$

Setzt man diesen Wert von $(u/c_1)_{II}$ in die letzte Gleichung ein, und bildet man:

$$\frac{d\,(\eta_{u\,turb})}{d\,(u/c_1)_I} = 0,$$

so findet sich damit die Bedingungsgleichung für den gesuchten günstigsten Wert von $(u/c_1)_I$; es wird:

$$(u/c_1)_{I\,g\ddot{u}} = \frac{X}{Y}\;\frac{\cos \alpha_1}{4}\left(1 + \sqrt{\frac{\Phi_{II}}{\Phi_I}}\right) = C\left(1 + \sqrt{\frac{\Phi_{II}}{\Phi_I}}\right);$$

$$(u/c_1)_{II\,g\ddot{u}} = \frac{X}{Y}\cdot\frac{\cos\alpha_1}{4}\left(1+\sqrt{\frac{\Phi_I}{\Phi_{II}}}\right) = C\left(1+\sqrt{\frac{\Phi_I}{\Phi_{II}}}\right);$$

$$u_{g\hat{u}} = \frac{X}{Y}\cdot\frac{\cos\alpha_1}{4}\cdot\varphi\sqrt{\frac{2g}{A}}\left(\sqrt{\Phi_I}+\sqrt{\Phi_{II}}\right) = C'\left(\sqrt{\Phi_I}+\sqrt{\Phi_{II}}\right);$$

$$\eta_{u\,\mathrm{turb\,max}} = 2\varphi^2\frac{X^2}{Y}\cdot\frac{\cos^2\alpha_1}{4}\left(\frac{\mu}{2}+\frac{\sqrt{\Phi_I\cdot\Phi_{II}}}{\Phi_0}\right) = C''\left(\frac{\mu}{2}+\frac{\sqrt{\Phi_I+\Phi_{II}}}{\Phi_0}\right).$$

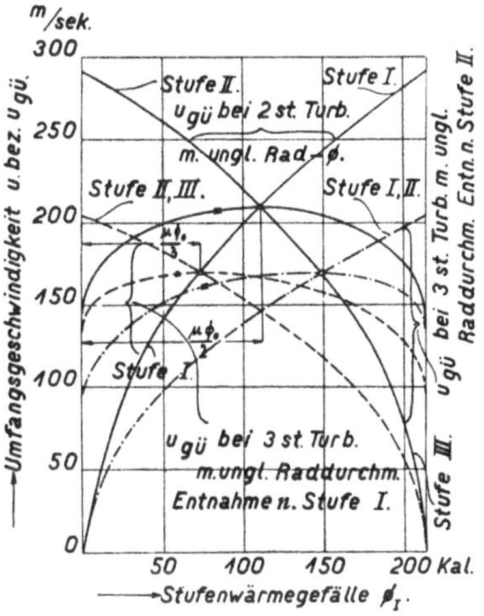

Fig. 10.

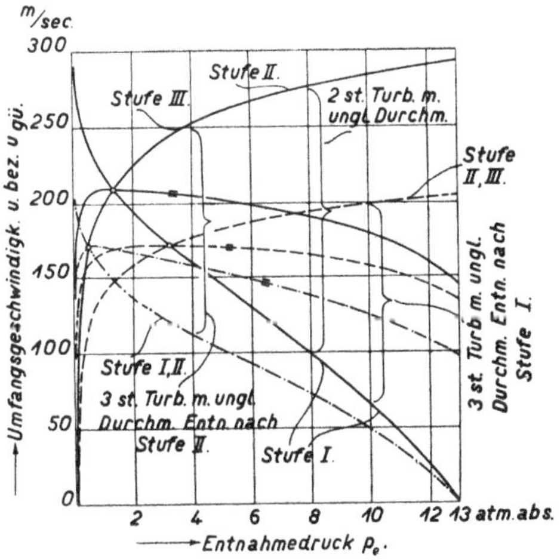

Fig. 11.

——— $u_{g\ddot{u}}$ bei 2-stufigen Turbinen mit gleichen Raddurchmessern.
– – – „ „ 3- „ „ „ „ „ (Entnahme nach Stufe I.)
–·–·– „ „ 3- „ „ „ „ „ („ „ „ II.)

Für:

$$\psi = \psi' = \varphi' = 0{,}8$$

und

$$\alpha_1 = 17^0$$

wird

$$\cos \alpha_1 = 0{,}9563,$$

$$X = 2{,}952; \quad Y = 6{,}192; \quad C' = 9{,}91; \quad C'' = 0{,}58; \quad C = 0{,}114.$$

Φ_I und Φ_{II} sind mit Φ_0 durch die Gleichung verbunden:

$$\Phi_I + \Phi_{II} = \mu \cdot \Phi_0,$$

dabei ist:

$$\mu = f(\Phi_I, \eta_{u_I})$$

und kann aus Fig. 4 bzw. 5 schätzungsweise mit großer Annäherung entnommen werden. Fig. 10 bzw. 11 gibt den Verlauf von u_{ga} für verschiedene Werte von Φ_I bzw. p_e. Für die angenommenen Grenzen von p_e schwankt u_{ga} zwischen 196 und 208 m/Sek. Ausgeführte Turbinen zeigen etwas niedrigere Werte von u. Der Grund hierfür liegt darin, daß sich mit vorgenannten Werten von u wohl $\eta_{u\,\mathrm{turb\,max}}$, aber wegen der Radreibung nicht $\eta_{i\,\mathrm{turb\,max}}$ erreichen läßt, wie wir später noch sehen werden.

Die Darstellung unter Fig. 7 und 8 zeigt im Zusammenhang mit Fig. 10 und 11, daß $\eta_{u\,\mathrm{turb\,max}}$ (bei zweistufigen Turbinen mit gleichen Raddurchmessern) mit u_{ga} steigt und fällt, an der gleichen Stelle wie u_{ga} sein absolutes Maximum erreicht und für die angenommenen Grenzen des Entnahmedruckes zwischen 0,6 und 0,54 liegt. Wie die Betrachtung der beiden Gleichungen für $\eta_{u\,\mathrm{turb\,max}}$ und $u_{gü}$ zeigt, ist aber $\eta_{u\,\mathrm{turb\,max}}$ keineswegs proportional $u_{gü}$, beide erreichen, wie sich durch Aufstellung der Bedingungsgleichung für das Maximum leicht rechnerisch nachweisen läßt, bei

$$\Phi_I = \frac{\mu}{2} \cdot \Phi_0 = \Phi_{II}$$

also einem bestimmten Wert von p_e ihren Höchstwert. Während $u_{gü}$ für Abszissenwerte Φ_I, die symmetrisch zu

$$\frac{\mu}{2} \cdot \Phi_0$$

liegen, gleiche Werte zeigt, sind die Werte für $\eta_{u\,\mathrm{turb\,max}}$ rechts hiervon größer als links.

Bei sehr großen Turbinen, bei denen der Arbeitsverlust durch Radreibung usw., relativ zur Gesamtleistung betrachtet, nur geringe

Beträge ergibt, kann man den Wirkungsgrad η_u als identisch mit η_i betrachten, wobei η_i nach Stodola den Wirkungsgrad an der Radnabe darstellt. Der Einfluß der Turbinengröße auf den Unterschied zwischen η_u und η_i soll durch eine spätere Untersuchung noch klargelegt werden.

Aus dem Vergleich mit der $\eta_{u\,turb\,max}$-Kurve für:

$$(u/c_1)_{I} = (u/c_1)_{II}$$

(Fig. 7, 8) mit den analogen Kurven bei Rädern gleichen Durchmessers, ergeben sich Abweichungen in den Wirkunsgraden; die Unterschiede stellen die Minimalbeträge dar, die sich theoretisch aus der Bedingung gleicher Raddurchmesser gegenüber der Bedingung

$$(u/c_1)_{I} = (u/c_1)_{II}$$

ergeben. Für $p_e = 6$ Atm. abs. z. B. beträgt die Differenz $\sim 9\%$ des absoluten Höchstwertes; man sieht, daß die Werte für die praktisch vorkommenden Grenzen von p_e zwischen 1 und 6 Atm. abs. nicht gerade sehr groß sind, so daß man in der Praxis in den meisten Fällen darauf verzichten wird, eine Verbesserung des $\eta_{u\,turb}$ durch ungleiche Durchmesser und eine dadurch bedingte unschöne Konstruktion zu erkaufen. Immerhin gibt es, abgesehen von der Möglichkeit einer Verbesserung der Geschwindigkeitskoeffizienten in ihrer Abhängigkeit von den Geschwindigkeiten selbst, worauf später noch eingegangen werden soll, doch noch ein Mittel, diese Differenz zu verringern. Es liegt, wie schon aus der Figurenreihe 7—11 zu ersehen war, in der Anwendung einer dritten Druckstufe.

3. Die dreistufige Turbine mit ungleichen Raddurchmessern.

Für welche Werte von p_e zur Verbesserung des Wirkungsgrades die III. Stufe angezeigt ist, und nach welcher von den beiden ersten Stufen die Entnahme dann zweckmäßigerweise erfolgt, wird im folgenden zu klären versucht. Es sei zunächst die Dampfentnahme nach der I. Stufe vorausgesetzt.

Die hinsichtlich des erreichbaren Wirkungsgrades $\eta_{u\,turb}$ günstigste Ausführungsform der dreistufigen Turbine wäre dann offenbar, wie bei der zweistufigen Turbine, die, bei welcher (u/c_1) in allen drei Stufen zu $(u/c_1)_{\eta_u\,max}$ wird. Diese Maßnahme bedingt zwei verschiedene Raddurchmesser, wenn man das Restgefälle nach Stufe I, in einfachster Annahme, auf die übrigen beiden Stufen gleich verteilt.

Der erreichbare Gesamtwirkungsgrad $\eta_{u\,turb}$ wird gegenüber dem der zweistufigen Turbine theoretisch etwas größer, da durch die Verteilung des Restgefälles nach Stufe I auf zwei Stufen ein Teil der Verlustwärme aus Stufe II in der III. Stufe rückgewinnbar wird, was in einer Zunahme des Koeffizienten μ zum Ausdruck kommt. Diese Zunahme ist aber verhältnismäßig klein und in der graphischen Darstellung unberücksichtigt geblieben.

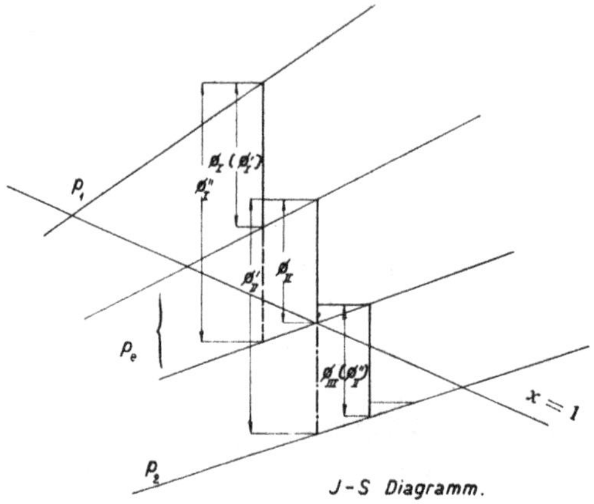

Fig. 12.

Analog der früher aufgestellten Beziehung bei zwei Stufen ergibt sich für die dreistufige Turbine:

$$\eta_{u\,turb} \cdot \Phi_0 = (\Phi_I + \Phi_{II} + \Phi_{III}) \cdot \eta_u,$$

oder

$$\eta_{u\,turb} = \mu_0 \cdot \eta_u,$$

wobei $\mu_0 > \mu$ ist. Die Vergrößerung des nutzbaren Gesamtwärmegefälles von $\mu \cdot \Phi_0$ auf $\mu_0 \cdot \Phi_0$ kommt im J—S-Diagramm zum Ausdruck, in dem, wegen der Divergenz der Isobaren,

$$\Phi_{II} + \Phi_{III} = \mu' \cdot \Phi'_{II},$$

also größer als Φ'_{II} ist (Fig. 12). Wie bei der zweistufigen Turbine, deren Teilgefälle hier vorübergehend mit Φ'_I bzw. Φ'_{II}[1]) bezeichnet werden sollen, ist hier:

$$\Phi_I = \frac{A}{2g}(c_1)_I^2; \quad \Phi_{II} = \Phi_{III} = \frac{A}{2g} \cdot (c_1)^2_{II,\,III}.$$

[1]) bzw. mit Φ''_I und Φ''_{II}, wenn es sich um den Vergleich mit einer dreistufigen Turbine mit Entnahme nach Stufe II handelt (Fig. 12).

Wenn $(u/c_1)_{\mathrm{I}} = (u/c_1)_{\mathrm{II,\,III}}$, dann ist:

$$\frac{\Phi_{\mathrm{I}}}{\Phi_{\mathrm{II,\,III}}} = \left(\frac{D_{\mathrm{I}}}{D_{\mathrm{II,\,III}}}\right)^2,$$

oder

$$\frac{D_{\mathrm{I}}}{D_{\mathrm{II,\,III}}} = \frac{\sqrt{\Phi_{\mathrm{I}}}}{\sqrt{\frac{\mu'}{2} \cdot \Phi'_{\mathrm{II}}}}$$

nach Voraussetzung, da:

$$\Phi_{\mathrm{II}} = \Phi_{\mathrm{III}} = \frac{\mu'}{2} \cdot \Phi'_{\mathrm{II}},$$

also

$$\frac{D_{\mathrm{I}}}{D_{\mathrm{II,\,III}}} = \sqrt{\frac{2}{\mu'}} \cdot \sqrt{\frac{\Phi'_{\mathrm{I}}}{\Phi'_{\mathrm{II}}}} = C\left(\frac{D_{\mathrm{I}}}{D_{\mathrm{II}}}\right)_{2\,\text{stufig}},$$

wobei

$$C = \sqrt{\frac{2}{\mu'}}.$$

Das Durchmesserverhältnis ist dem der zweistufigen Turbine proportional, besitzt aber für gleiche Entnahmedrucke einen höheren Wert, was in der Darstellung Fig. 9 zum Ausdruck kommt.

Man sieht, daß der Entnahmedruck, bei dem dieses Verhältnis $= 1$ ist, also die Raddurchmesser einander gleich werden, höher liegt, als bei der zweistufigen Turbine; aus dem J—S-Diagramm ergibt sich dieser Druck, wenn man die Isobare sucht, die durch den Endpunkt der Adiabate Φ_{I} geht, wenn

$$\Phi_{\mathrm{I}} = \Phi_{\mathrm{II}} = \Phi_{\mathrm{III}},$$

was sich, analog wie bei der zweistufigen Turbine, an Hand der Gleichung für das Durchmesserverhältnis leicht nachweisen läßt. Das Durchmesserverhältnis für $p_e = 6$ Atm. abs. z. B. ist jetzt größer geworden als bei der zweistufigen Anordnung, weicht aber immer noch stark von 1 ab, so daß man im allgemeinen auch hier aus konstruktiven Rücksichten der Ausführung mit gleichen Raddurchmessern den Vorzug geben wird.

Erfolgt die Dampfentnahme nach der II. Stufe, und teilt man Stufe I und II gleiche Wärmegefälle zu, dann wird das Durchmesserverhältnis für normale Entnahmedrucke ungünstiger als bei der zweistufigen Turbine, wie Fig. 9 ebenfalls erkennen läßt.

Wir stellen nun wieder die Wirkungsgradverminderung fest, die die Bedingung gleicher Raddurchmesser gegenüber der vorgenannten Ausführungsform mit sich bringt und schlagen dazu den schon bekannten Rechnungsgang ein.

4. Die dreistufige Turbine mit gleichen Raddurchmessern. Entnahme nach Stufe I.

Es ist

$$\eta_{u\,\mathrm{turb}} = \frac{\Phi_I}{\Phi_0}\, 2\,\varphi^2 \left[X \cos\alpha_1 - Y\,(u/c_1)_I\right](u/c_1)_I + \\ + \frac{\mu'\,\Phi'_{II}}{\Phi_0} \cdot 2\,\varphi^2 \left[X \cos\alpha_1 - Y\,(u/c_1)_{II}\right](u/c_1)_{II} \quad . \quad . \quad (1)$$

nachdem

$$(u/c_1)_{II} = (u/c_1)_{III}$$

und

$$\Phi_{II} + \Phi_{III} = \mu' \cdot \Phi'_{II}.$$

Weiter gilt:

$$(u/c_1)_{II} = (u/c_1)_I \sqrt{\frac{2\,\Phi_I}{\mu'\,\Phi_{II}}}\,;$$

dieser Ausdruck in Gleichung (1) eingesetzt und

$$\frac{d\,(\eta_{u\,\mathrm{turb}})}{d\,(u/c_1)_I} = 0$$

gebildet, ergibt

$$(u/c_1)_{I\,ga} = \frac{X}{Y} \cdot \frac{\cos\alpha_1}{6}\left(1 + \sqrt{\frac{\Phi_{II}}{\Phi_I}} \cdot \sqrt{2\,\mu'}\right) = C\left(1 + \sqrt{\frac{\Phi_{II}}{\Phi_I}}\sqrt{2\,\mu'}\right);$$

$$(u/c_1)_{II,\,III\,ga} = \frac{X}{Y} \cdot \frac{\cos\alpha_1}{6}\left(2 + \sqrt{\frac{2\,\Phi_I}{\mu'\,\Phi_{II}}}\right) = C\left(2 + \sqrt{\frac{2\,\Phi_I}{\mu'\,\Phi_{II}}}\right);$$

$$u_{ga} = \frac{X}{Y} \cdot \frac{\cos\alpha_1}{6}\sqrt{\frac{2\,g}{A}} \cdot \varphi\left(\sqrt{\Phi_I} + \sqrt{2\,\mu'\,\Phi_{II}}\right) = \\ = C'\left(\sqrt{\Phi_I} + \sqrt{2\,\mu'\,\Phi_{II}}\right);$$

$$\eta_{u\,\mathrm{turb\,max}} = 6\,\varphi^2\,\frac{Y \cdot \Phi_I}{\Phi_0} \cdot (u/c_1)_{I\,ga}^{\,2} = C''\,\Phi_I\,(u/c_1)_{I\,ga}^{\,2},$$

wobei mit den angenommenen Werten für die Geschwindigkeitskoeffizienten und den Winkel α_1

$$C = 0{,}07595;\quad C' = 6{,}6;\quad C'' = 0{,}1575$$

gefunden wird.

Wie aus den Darstellungen (Fig. 7 und 8) hervorgeht, ergibt sich für Entnahmedrücke von $\sim$ 3 bis 6 Atm. abs. eine nennenswerte Verbesserung von $\eta_{u\,\mathrm{turb}}$ gegenüber der zweistufigen Ausführungsform, während sich für Entnahmedrücke unter $\sim$ 2,5 Atm. abs. eine Verschlechterung herausstellt. Das **absolute** Maximum von $\eta_{u\,\mathrm{turb\,max}}$ und $u_{gü}$ liegt bei

$$\Phi_{\mathrm{I}} = \frac{\mu_0 \cdot \Phi_0}{3}.$$

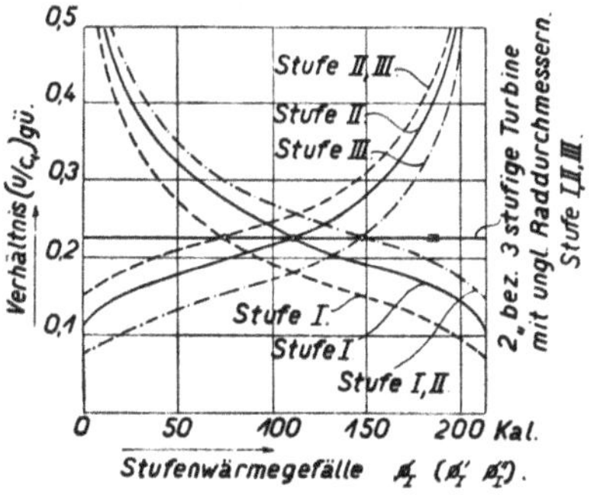

Fig. 13.

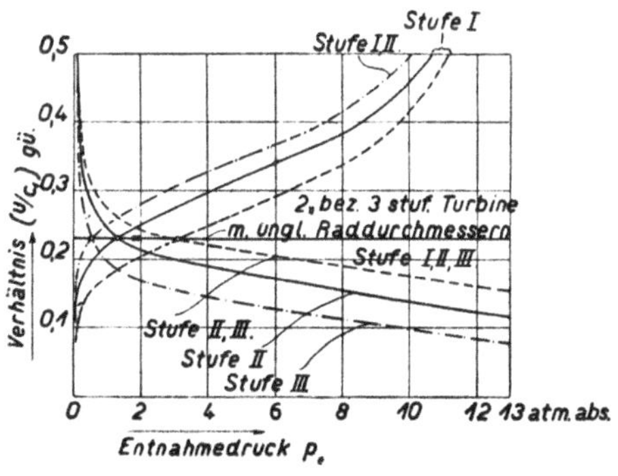

Fig. 14.

- Turbinen mit ungleichen Raddurchmessern.
- 2-stufige Turbinen mit gleichen Raddurchmessern.
- 3- „ „ „ „ „ (Entnahme nach Stufe I.)
- 3- „ „ „ „ „ („ „ „ II.)

In der Darstellung (Fig. 7 bzw. 8) kann man den Turbinenwirkungsgrad außer nach der hierfür aufgestellten Gleichung auch bestimmen als Summe der Beiträge der Einzelstufen nach der Beziehung

$$\eta_{u\,\mathrm{turb}} = \eta_{u_{\mathrm{I}}} \cdot \frac{\Phi_{\mathrm{I}}}{\Phi_0} + \eta_{u_{\mathrm{II}}} \cdot \frac{\Phi_{\mathrm{II}}}{\Phi_0}$$

$$= \eta_{u\,\mathrm{turb}_{\mathrm{I}}} + \eta_{u\,\mathrm{turb}_{\mathrm{II}}},$$

wenn man mit $\eta_{u\,turb\,I}$ bzw. $\eta_{u\,turb\,II}$ den Beitrag der I. bzw. II. Stufe zum Gesamtwirkungsgrad bezeichnet. η_{u_I} und $\eta_{u_{II}}$ sind Funktionen der Verhältnisse $(u/c_1)_I$ bzw. $(u/c_1)_{II}$; letztere sind nach den aufgestellten Beziehungen für die besprochenen Ausführungen in Fig. 13 und 14 zur Darstellung gebracht. Sie lassen im Zusammenhang mit

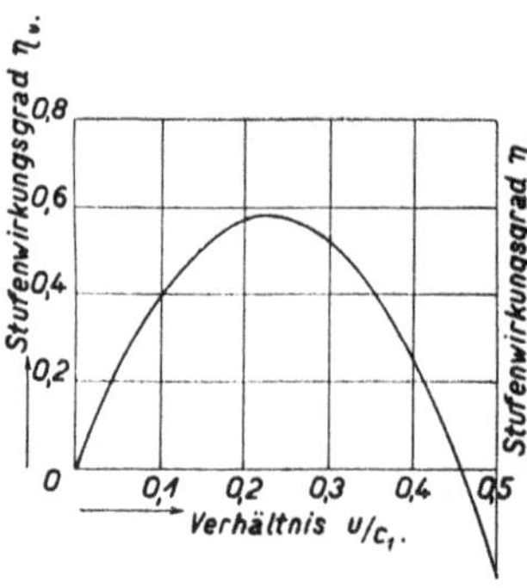

Fig. 15.

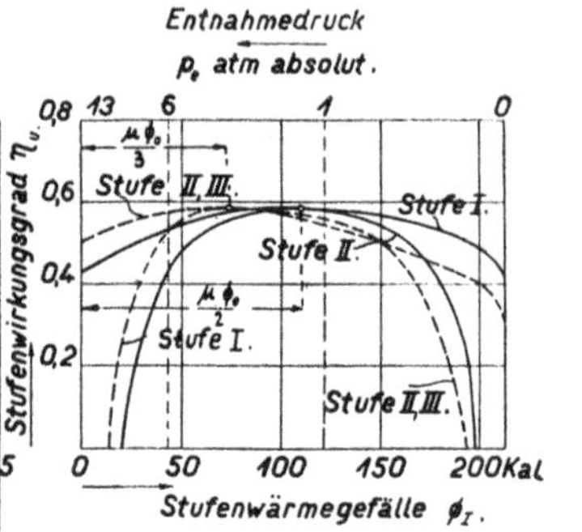

Fig. 16.

——— 2-stufige Turbinen.
– – – 3- „ „ (Entnahme nach Stufe I.)

der Wirkungsgradsparabel (Fig. 15), die eine Darstellung für die schon erwähnte Gleichung

$$\eta_u = 2\,\varphi^2\,[X \cos \alpha_1 - Y\,(u/c_1)]\;u/c_1$$

ist, das Entstehen von Fig. 7 und 8 unmittelbar erkennen, während in Fig. 16 für Turbinen mit gleichen Raddurchmessern die Werte für $\eta_{u\,I}$ bzw. $\eta_{u_{II}}$, ebenfalls aus der Wirkungsgradsparabel folgend, zusammengestellt sind.

Bei der zweistufigen Turbine mit gleichen Raddurchmessern erreichen η_{u_I} und $\eta_{u_{II}}$ bei

$$\Phi_I = \mu \cdot \frac{\Phi_0}{2}$$

ihr Maximum mit dem schon angegebenen Betrage von 0,5805; bei der dreistufigen Turbine mit gleichen Raddurchmessern und Entnahme nach Stufe I ist dies bei

$$\Phi_I = \mu_0 \cdot \frac{\Phi_0}{3}$$

der Fall, worauf schon früher hingewiesen ist und was auch die Darstellung in Fig. 16 erkennen läßt. Daß bei $\mu \cdot \frac{\Phi_0}{2}$ bzw. $\mu_0 \cdot \frac{\Phi_0}{3}$ für $\eta_{u\,turb\,max}$ das a b s o l u t e Maximum zu erwarten ist, daß also bei diesen Abszissenwerten die $\eta_{u\,turb}$-Kurve bei Turbinen mit gleichen Raddurchmessern, die Kurve für $\eta_{u\,turb}$ bei Turbinen mit ungleichen Raddurchmessern berührt, bedarf wohl nach dem Vorausgehenden keiner weiteren Erörterung.

Entnahme nach Stufe II.

Entnimmt man den Dampf nicht nach der ersten, sondern nach der zweiten Stufe, dann ergibt die Rechnung hierfür folgendes:

$$(u/c_1)_{I\,g\ddot{u}} = \frac{X}{Y} \cdot \frac{\cos\alpha_1}{6}\left(2 + \sqrt{\frac{2\,\Phi_{II}}{\mu' \cdot \Phi_I}}\right) = C\left(2 + \sqrt{\frac{2\,\Phi_{II}}{\mu'\,\Phi_I}}\right);$$

$$(u/c_1)_{II\,g\ddot{u}} = \frac{X}{Y} \cdot \frac{\cos\alpha_1}{6}\left(1 + \sqrt{\frac{2\,\mu'\,\Phi_I}{\Phi_{II}}}\right) = C\left(1 + \sqrt{\frac{2\,\mu'\,\Phi_I}{\Phi_{II}}}\right);$$

$$u_{g\ddot{u}} = \frac{X}{Y} \cdot \frac{\cos\alpha_1}{6}\sqrt{\frac{2g}{A}} \cdot \varphi\left(\sqrt{\Phi_{II}} + \sqrt{2\,\mu'\,\Phi_I}\right) =$$

$$= C'\left(\sqrt{\Phi_{II}} + \sqrt{2\,\mu' \cdot \Phi_I}\right);$$

$$\eta_{u\,turb\,max} = 6\,\varphi^2 \cdot Y\,\frac{\Phi_{II}}{\Phi_0} \cdot (u/c_1)_{II\,g\ddot{u}}{}^2 = C''\,\Phi_{II}\,(u/c_1)_{II\,g\ddot{u}}{}^2;$$

wobei C, C', C'' dieselben Zahlenwerte sind als im Fall der Dampfentnahme nach der I. Stufe.

Die Darstellung zeigt, daß die Dampfentnahme nach der zweiten Stufe den Wirkungsgrad nur verbessert für Zwischendrücke, die im J—S-Diagramm (Fig. 9) Werten von p_e entsprechen, die sich ergeben, wenn

$$\Phi_{III} < \frac{\mu}{3} \cdot \Phi_0,$$

sie liegen jenseits des vorkommenden Anwendungsgebietes (∾ 0,5 Atm. abs.), haben also keine praktische Bedeutung.

Man wird aus Vorliegendem zur Beantwortung der eingangs gestellten Frage bezüglich der praktisch günstigsten Ausführungsform von Turbinen mit gleichen Raddurchmessern in allen Stufen allgemein folgendes sagen können:

Unter normalen Umständen ergibt sich für verhältnismäßig hohe Entnahmedrücke (über ∾ 3 Atm. abs.) bei Wahl einer dreistufigen Turbine mit Entnahme nach Stufe I eine Verbesserung des Wertes für $\eta_{u\,turb\,max}$ gegenüber der zweistufigen Anordnung.

Eine Entnahme nach Stufe II hat für Werte von p_e über 0,5 Atm. abs. eine Verschlechterung des Wirkungsgrads zur Folge, so daß für Entnahmedrücke zwischen 1 bis 3 Atm. abs. die zweistufige Anordnung am Platze ist.

Die dreistufige Bauart hat gegenüber den zweistufigen noch den Vorzug, daß der günstigste Wert für die Umfangsgeschwindigkeiten niedriger liegt und für das praktische Anwendungsgebiet (für p_e zwischen 1 bis 6 Atm. abs.) nur ganz kleine Schwankungen zeigt. Man erhält kleinere Raddurchmesser bei gleichen Tourenzahlen und damit auch kleinere Radreibungsverluste.

Eine Steigerung der Stufenzahl über 3 könnte nur für sehr hohe Entnahmedrücke eine Bedeutung haben, für welche praktisch aber nur selten Verwendung vorliegt. Auch ließe sich damit, wie aus dem Verlauf der $\eta_{u\,turb\,max}$-Kurven hervorgeht, eine wesentliche Zunahme des Wirkungsgrades kaum mehr erwarten, ganz abgesehen von den mit der Stufenzahl steigenden Anschaffungskosten der Turbine.

β) Winkelgrößen und Geschwindigkeits-Koeffizienten.

1. Düsenneigungs-Winkel α_1.

Der Wirkungsgrad $\eta_{u\,turb}$ für gleichwinklige Turbinen läßt sich durch die allgemeine Beziehung zur Darstellung bringen:

$$\eta_{u\,turb} = f\,(\varphi, \psi, \varphi', \psi', \alpha_1, (u/c_1), \mu).$$

Der Einfluß von p_e durch (u/c_1) und μ auf das Zustandekommen von $\eta_{u\,turb\,max}$ ist durch die vorstehenden Betrachtungen beleuchtet worden; es erübrigt noch, einem etwaigen Einfluß des Winkels α_1 und der Geschwindigkeits-Koeffizienten, deren Werte bisher als konstant vorausgesetzt waren, etwas näher zu treten.

Was den Winkel α_1 betrifft, so bedingt eine Variation von p_e bei den besprochenen Turbinenarten zur Erreichung des besten Turbinenwirkungsgrades am Radumfang ein bestimmtes Verhältnis (u/c_1), wie aus Fig. 14 hervorgeht. Nach Stodola (4. Aufl., S. 142 und 151) hängt die Wahl des Winkels α_1 zur Erreichung des Höchstwertes für den Stufenwirkungsgrad und damit auch für den Wirkungsgrad der Turbine außer von der Radart (ob ein- oder mehrkränzig) noch ab vom Verhältnis u/c_1; so erhält man nach Fig. 133 bei 2kränzigen Turbinen für Werte von $u/c_1 < 0{,}13$ bei einem Winkel $\alpha_1 = 25^0$ etwas bessere Wirkungsgrade, als bei dem Winkel von 17^0, für den mit Werten $u/c_1 > 0{,}13$ für das ganze übrige Gebiet bessere Werte zu erzielen sind als mit $\alpha_1 = 25^0$, wenn man zunächst nur den an vorgenannter Stelle vorausgesetzten funktionalen Zusammenhang der Geschwindigkeits-Koeffizienten mit den Umkehrwinkeln in den Laufrädern und im Umkehrleitrad annimmt. In Anbetracht der geringen Verbesserung an Wirkungsgrad durch einen veränderlichen Winkel α_1 für einen gewissen Bereich der Werte von u/c_1 ($< 0{,}13$), die überdies für die praktisch vorkommenden Entnahmedrucke, wie aus Fig. 14 deutlich erhellt, ohne Bedeutung sind, läßt sich sagen, daß man praktisch mit einem bestimmten günstigsten Winkel α_1, dessen Größe in ganz engen Grenzen liegt und der nur von der verwendeten Radart abhängt, für alle vorkommenden Werte von u/c_1 den möglichen Höchstwert für den Wirkungsgrad erreichen kann. Dieser Winkel α_1 ist bei zweikränzigen Rädern unter den von Stodola erwähnten Voraussetzungen $\sim 17^0$, von konstanter Größe, so daß die Veränderlichkeit des Entnahmedruckes keine solche des Winkels α_1 erforderlich macht, falls damit eine Verbesserung von $\eta_{u\,turb}$ angestrebt wird.

Für zweistufige Turbinen z. B. schwankt der Wert von $(u/c_1)_I$ für die praktisch vorkommenden Grenzen des Entnahmedruckes, in unserem Fall nach Fig. 14, zwischen 0,22 und 0,34, $(u/c_1)_{II}$ zwischen 0,25 und 0,17, unter der der Darstellung zugrunde liegenden Voraussetzung, daß

$$\varphi' = \psi = \psi' = \text{konst.}$$

2. Die Geschwindigkeits-Koeffizienten.

Die Annahme verschiedener Zahlenwerte für diese Koeffizienten, wie sie variable Werte von u/c_1 wegen der damit verbundenen Änderung der Laufradwinkel bedingen, wird vorgenannte

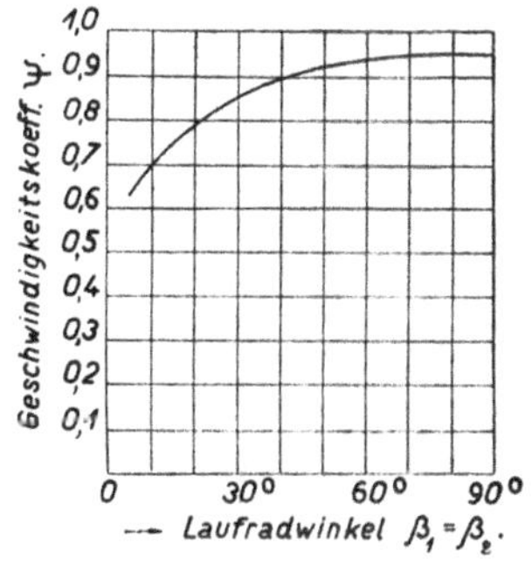

Fig. 17.

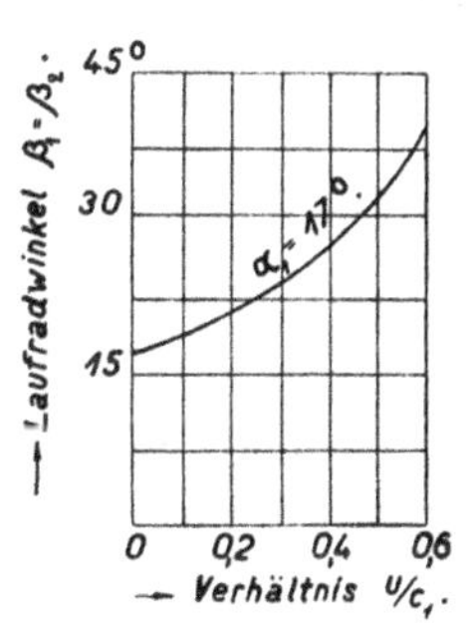

Fig. 18.

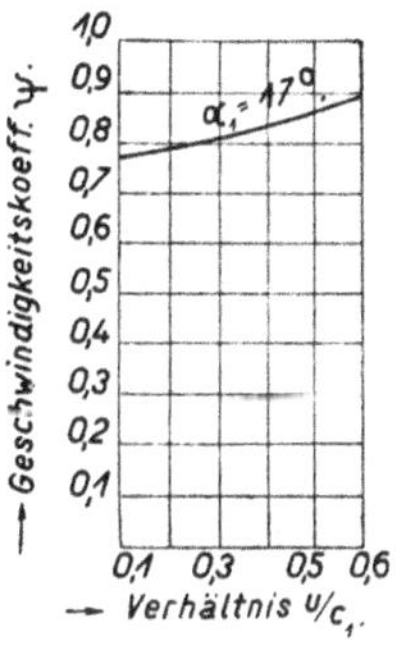

Fig. 19.

Grenzen nur wenig verschieben, weil, wie in der Folge gezeigt wird, die Veränderlichkeit der Werte von ψ, ψ', φ' für die vorkommenden Intervalle von u/c_1 selbst nur klein ist. In Fig. 17 ist nach Stodola (4. Aufl., S. 151, Fig. 134 a) ein Abhängigkeitsverhältnis wiedergegeben, in dem der Wert von ψ zum Laufradwinkel β steht. Mit Zuhilfenahme des Geschwindigkeitsdreieckes ist die Fig. 18 abgeleitet, welche im Zusammenhang mit Fig. 17 die Darstellung unter Fig. 19 ergibt, also den Wert ψ als Funktion von u/c_1. Nach dieser Darstellung würde sich ψ in Stufe I ändern von 0,773 bis 0,798, in Stufe II von 0,78 bis 0,76, so daß sich, in Hinsicht auf die bis jetzt bestehende Unsicherheit in der Wahl von ψ überhaupt, die Annahme eines konstanten Mittelwertes von ψ für die ganze Turbine rechtfertigen läßt.

ψ nimmt in der I. Stufe mit zunehmendem Werte von p_e zu, infolge des Anwachsens der Werte für $(u/c_1)_I$ und dem dadurch bedingten Größerwerden der Laufradwinkel, in der II. Stufe dagegen ab und umgekehrt, so daß das Mittel aus ψ_I und ψ_{II} wohl ungefähr konstant bleibt, wenn mit dem Index I, II die entsprechenden Werte von ψ in den Einzelstufen bezeichnet werden; gleiches gilt von φ' und ψ', deren Änderungen, in Abhängigkeit von u/c_1, noch kleiner sind als die von ψ — solange die ψ-Kurve einen der Fig. 17 ähnlichen Verlauf zeigt — weil, wie Fig. 1 erkennen läßt, die Umlenkungswinkel α_2 bzw. β_1' von vornherein größer sind als β_1, und nach Fig. 17 den Änderungen großer Umlenkungswinkel kleinere Änderungen des Geschwindigkeits-Koeffizienten entsprechen als den Änderungen kleiner Winkel.

Vorstehendes gilt, wenn man von einer Abhängigkeit des Wertes ψ von der Geschwindigkeit, mit der der Dampf die Schauflung durchströmt, zunächst absieht. Neuere Versuche deuten nun darauf hin, daß ein solches Abhängigkeitsverhältnis für alle Geschwindigkeits-Koeffizienten besteht.

Betrachten wir zunächst den Düsen-Reibungs-Koeffizienten. Nach Versuchen von Dr. Christlein (Zeitschr. f. d. ges. Turb. 1912, S. 57) änderte sich dieser bei Düsen gleicher Oberflächenbeschaffenheit und richtigem Erweiterungsverhältnis von 0,89 bis 0,96 bei Geschwindigkeiten c_0 von 300 bis 1200 m/Sek. Bei veränderlichem Wert von p_e erfährt danach der Beitrag des Hoch- und Niederdruckteiles der Turbine zum Gesamtwirkungsgrad eine Verschiebung derart, daß bei abnehmendem p_e der Düsenwirkungsgrad des Hochdruckteiles besser, der des Niederdruckteiles schlechter wird und umgekehrt. Um den Einfluß dieser Veränderlichkeit auf den Gesamtwirkungsgrad rechnungsmäßig durchsichtiger zu bekommen, trennen wir η_u in den Düsen- und den Schauflungswirkungsgrad. Die drei Wirkungsgrade sind durch die Gleichung miteinander verbunden:

$$\eta_u = \eta_{\text{Düse}} \cdot \eta_{\text{Schaufl.}}$$

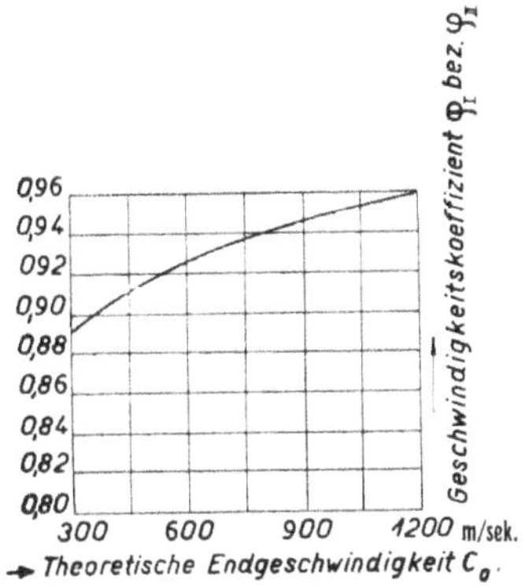

Fig. 20.

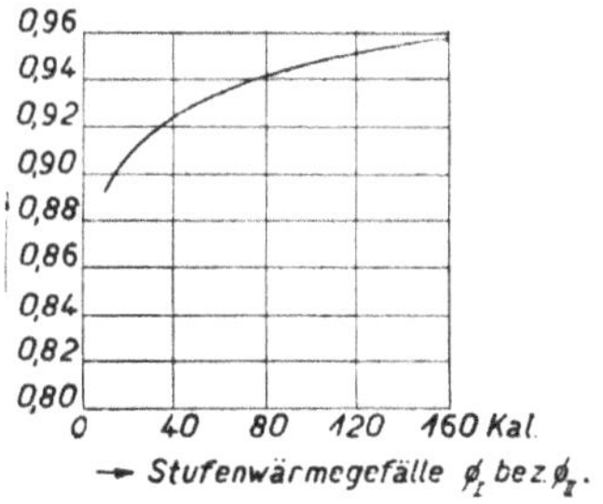

Fig. 22.

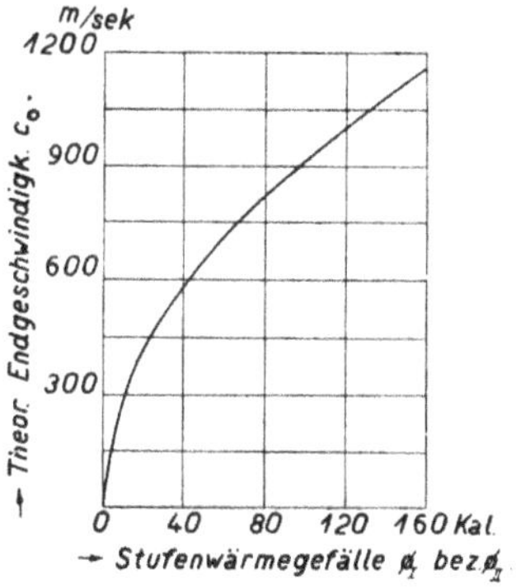

Fig. 21.

Die Änderung des Wertes φ, abhängig von p_e, beeinflußt natürlich nur den Düsenwirkungsgrad. Wenn φ als Funktion von c_0 in Form einer Kurve bekannt ist (Fig. 20), dann läßt sich auch die Abhängigkeit des Düsenwirkungsgrades vom Entnahmedruck p_e ermitteln.

Für die folgenden Betrachtungen beschränken wir uns auf die zweistufige Turbine, da die Rechnung mit zunehmender Stufenzahl an Einfachheit verliert und ihre Verallgemeinerung keine prinzipiellen Schwierigkeiten macht. Der Düsenwirkungsgrad für die ganze Turbine ergibt sich folgendermaßen: Die gesamte zur Verfügung stehende Energie ist

$$\Phi_{\text{I}} + \Phi_{\text{II}} = \frac{A}{2g} \cdot c_{0_{\text{I}}}^2 + \frac{A}{2g} \cdot c_{0_{\text{II}}}^2,$$

der gesamte Verlust in den Düsen bei der Umsetzung

$$\frac{A}{2g} c_{0_I}^2 (1 - \varphi_I^2) + \frac{A}{2g} c_{0_{II}}^2 (1 - \varphi_{II}^2),$$

sonach der Düsenwirkungsgrad

$$\eta_{\text{Düse}} = \frac{(\Phi_I + \Phi_{II}) - \text{Verluste}}{(\Phi_I + \Phi_{II})};$$

die Ausrechnung ergibt hierfür nach dem Einsetzen vorstehender Ausdrücke für die Verluste und die Gesamtenergie

$$\eta_{\text{Düse}} = \frac{\varphi_I^2 \cdot \Phi_I + \varphi_{II}^2 \cdot \Phi_{II}}{\mu \cdot \Phi_0};$$

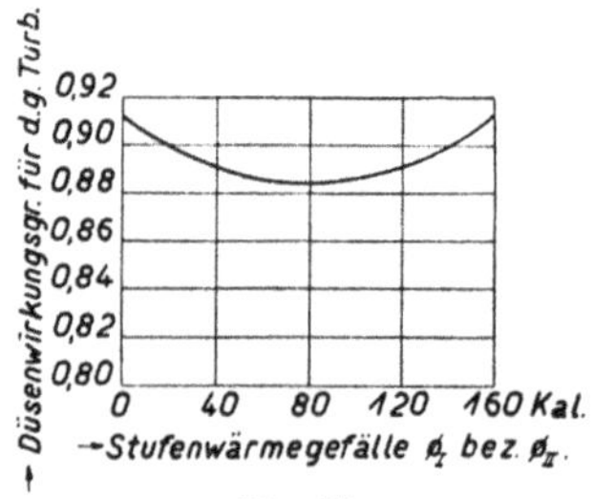

Fig. 23.

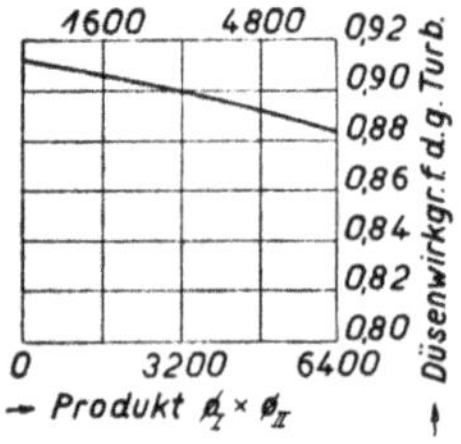

Fig. 24.

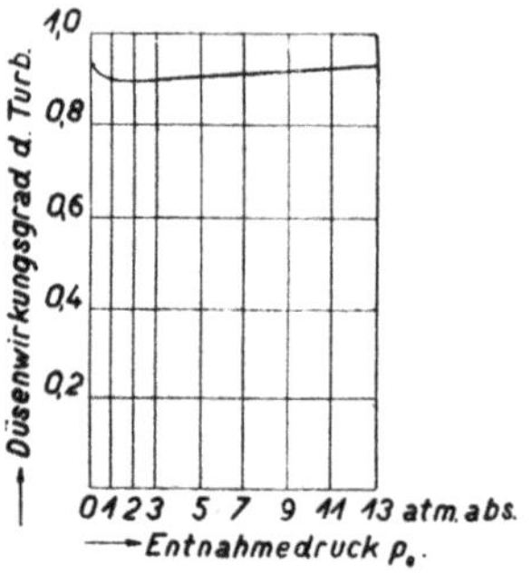

Fig. 25.

der Wirkungsgrad ist also abhängig vom Produkte $\Phi_I \cdot \Phi_{II}$, nachdem Φ_I und Φ_{II} in vorstehendem Ausdruck in gleicher Wertigkeit vertreten sind (Fig. 23).

Hat die φ-Kurve in ihrer Abhängigkeit von c_0 z. B. die in Fig. 20 gegebene Gestalt (Dr. Christlein Zeitschr. f. d. ges. Turb. 1912, S. 57), so läßt sich damit $\eta_{\text{Düse}}$, abhängig von p_e, ermitteln. Jedem Werte von p_e ist ein solcher von Φ_I und damit von Φ_{II} zugeordnet, beiden je ein Wert von c_0 und diesem wieder φ, so daß die Veränderlichkeit des Düsenwirkungsgrades in den Fig. 23, 24 und 25 zum Ausdruck kommt, denen die Fig. 22 zugrunde liegt, nachdem Fig. 21 die Abhängigkeit des Wertes c_0 von Φ_I, Φ_{II} zeigt, folgend aus der Beziehung

$$\Phi = \frac{A}{2g} \cdot c_0^2.$$

Bei Annahme von μ muß man allerdings schätzungsweise vorgehen, doch kann diese Schätzung für die vorkommenden Grenzen mit ziemlicher Genauigkeit erfolgen.

Die Veränderlichkeit des Düsenwirkungsgrades, abhängig von φ, liegt für praktische Fälle in engen Grenzen.

Ist der rechnerische Weg zur Berücksichtigung des veränderlichen Wertes von φ in seinem Einfluß auf den Wirkungsgrad allgemein noch gangbar, so versagt er, wenn wir die Veränderlichkeit der übrigen Geschwindigkeits-Koeffizienten ins Auge fassen. Wie Versuche, die von verschiedenen Forschern angestellt wurden, gezeigt haben, ist ψ, wie zum Teil auch φ, durchaus keine einfache Funktion einer Variablen; ψ hängt außer von der Dampfqualität und der Oberflächenbeschaffenheit der Schaufeln insbesondere ab vom Umlenkungswinkel, dann aber auch von der Dampfgeschwindigkeit, der Schaufelbreite, der Schaufelteilung, der Schaufelkrümmung usw. (Stodola, Briling, Josse, Christlein usw.), so daß, nach unserer bisherigen Erkenntnis, der rechnerische Weg ohne große Komplikationen praktisch nicht allgemein gangbar wird und man mit Berücksichtigung vorgenannter Umstände immer auf eine vergleichsweise erfahrungsgemäße Schätzung angewiesen ist, um so mehr, als das vorliegende Versuchsmaterial noch keine Einheitlichkeit der Ergebnisse zeigt.

Betrachtet man verschiedene von den oben angeführten Größen bei allen Ausführungsformen als konstant, so läßt sich auf Grund von Versuchswerten auf rechnerisch-graphischem Wege, in ähnlicher Weise wie vorstehend geschehen, wohl noch eine Basis finden, auf der man Vergleiche hinsichtlich des Verhaltens von ψ abhängig von p_e ziehen kann, wenn man nur eine Veränderlichkeit z. B. mit dem Umlenkungswinkel und der Dampfgeschwindigkeit ins Auge faßt.

Erwähnt sei hier der Umstand, daß Versuche mit rotierenden Laufrädern hinsichtlich des Verhaltens von ψ bis jetzt nicht vorliegen, und daß bisher immer noch mit der Annahme gerechnet wird, daß sich alle Räder, in denen keine Umsetzung von Druck- in Geschwindigkeitsenergie stattfindet (Lauf- und Umkehrleiträder), gleich verhalten, unabhängig davon, ob sie rotieren oder feststehen. Hiernach ist, wie Christlein in seinen Versuchen gezeigt hat, das Verhalten von ψ, abhängig von der Dampfgeschwindigkeit, ein ähnliches wie das Verhalten von φ. ψ nimmt mit wachsender Geschwindigkeit zu, erreicht aber im Gegensatz zu φ in der Nähe der Schallgeschwindigkeit seinen Höchstwert und nimmt dann wieder ab, während der Wert von φ mit der Geschwindigkeit c_0 dauernd ansteigt.

Nach dem Vorausgehenden läßt sich über das Verhalten der Schaufelkoeffizienten (ψ, ψ', φ') in ihrer Abhängigkeit vom Entnahmedruck und in ihrem Einfluß auf den Wirkungsgrad der Energieumsetzung mit Rücksicht auf praktische Rechnungen folgendes sagen:

Ein abnehmender Wert von p_e bewirkt in Stufe I eine Abnahme von u/c_1, damit kleiner werdende Umlenkungswinkel und aus diesem Grund eine Abnahme der Schaufelkoeffizienten. Abhängig von der Dampfgeschwindigkeit wird ψ für die vorkommenden Fälle eine Abnahme, φ' und ψ' werden dagegen eine Zunahme aufweisen deshalb, weil w_1 bei Düsenturbinen meist über der Schallgeschwindigkeit, c_1' und w_1' (Fig. 1) aber unter dieser liegen. Nimmt man aus letzterem Grunde einen ausgleichenden Mittelwert für $\psi = \psi' = \varphi'$ an, so würde dieser Mittelwert nur wegen der kleiner werdenden Umlenkungswinkel mit abnehmenden p_e eine Abnahme erfahren. Da anderseits φ mit abnehmendem Wert von p_e größer wird, so wird man von der Wirklichkeit für die von uns angegebenen Grenzen des Entnahmedruckes nicht weit entfernt sein, wenn man zur Berechnung des Wirkungsgrades konstante mittlere Werte für die Geschwindigkeitskoeffizienten zugrunde legt, die von p_e unabhängig sind.

Eine ähnliche Betrachtung im reziproken Sinne wie für Stufe I gilt für Stufe II, und wenn es sich um dreistufige Turbinen handelt, auch für Stufe III. Gestützt können die Behauptungen und die darauf beruhenden Rechnungen nur durch Versuche werden, die in dieser Richtung noch anzustellen sind. Werden die Behauptungen in ihrer allgemeinen Fassung für die ganze Turbine auch nicht mathematisch, so werden sie doch praktisch richtig sein, wie die verhältnismäßig kleinen Abweichungen in unseren Darstellungen zeigen, die in einem bestimmten Sinne veränderliche Geschwindigkeitskoeffizienten zur Voraussetzung haben.

b₁) Der indizierte Wirkungsgrad. ($E/G = 0$.)

Vom Wirkungsgrad η_u am Radumfang verschieden ist der indizierte Wirkungsgrad der Turbine oder der Wirkungsgrad an der Radnabe, dessen Bedeutung aus der Beziehung folgt:

$$\eta_i = \eta_u \cdot \eta_r$$

wobei

$$\eta_r = \frac{N_u - N_r}{N_u} = \frac{N_i}{N_u},$$

wenn N_u die Leistung am Radumfang, N_i die Leistung an der Radnabe ist und N_r der Leistungsbetrag, der durch die Reibung der

Laufräder im umgebenden Dampf aufgezehrt wird. Da diese Radreibungsarbeit von der Leistung der Turbine unter sonst gleichen Verhältnissen in gewissem Grade unabhängig ist, so wird N_r bei sehr großen Turbinen gegenüber N_u von geringem Betrage sein, und es wird dann

$$\eta_i \cong \eta_u.$$

Turbinen mittlerer und kleiner Leistung lassen diese Annahme nicht ohne weiteres zu, vielmehr werden die folgenden Entwicklungen zeigen, daß der Wert des Produktes $G \cdot n^2$, also Dampfmenge bzw. Leistung und Tourenzahl für das Zustandekommen von η_i von Bedeutung sind.

Es fragt sich, wie beeinflußt p_e diesen Wirkungsgrad η_i? Diese Frage ist verwandt mit der Frage nach der Abhängigkeit der Radreibungsarbeit N_r vom Entnahmedruck p_e.

1. Die zweistufige Turbine mit ungleichen Raddurchmessern.

a) u/c_1 in beiden Stufen gleich.

Nach Stodola ist

$$Nr = \frac{\beta}{10^6} \cdot D^2 \cdot u^3 \cdot \gamma,$$

wenn D der Durchmesser des Laufrades und γ das spezifische Gewicht des Mediums ist, in dem das Rad rotiert; β ist eine Erfahrungszahl. Nach der unter a) gemachten Voraussetzung, daß die Werte von u/c_1 in Stufe I und Stufe II einander gleich sind, gilt, wie früher gezeigt,

$$D_I^2 : D_{II}^2 = \Phi_I : \Phi_{II},$$

das heißt

$$D_I^2 = \text{konst.} \cdot \Phi_I$$

sonach

$$\begin{aligned} N_{rI} &= C \cdot u_I^3 \cdot \gamma_I \cdot \Phi_I \\ &= C \cdot (u/c_1)_I^3 \cdot c_{1_I}^3 \cdot \gamma_I \cdot \Phi_I \\ &= C' \cdot \Phi_I^{5/2} \cdot \gamma_I, \end{aligned}$$

wobei der Wert der Konstanten sich ergibt zu:

$$C' = \frac{\beta}{10^6} \cdot \left(\frac{u}{c_1}\right)_I^5 \cdot \varphi^5 \left(\frac{60}{\pi \cdot n}\right)^2 \cdot \left(\frac{2g}{A}\right)^{3/2},$$

wenn n die Tourenzahl pro Minute bedeutet. Der Ausdruck für die gesamte Radreibungsarbeit nimmt sonach die Form an:

$$\begin{aligned} N_r = N_{r_I} + N_{r_{II}} &= C' (\Phi_I^{5/2} \cdot \gamma_I + \Phi_{II}^{5/2} \cdot \gamma_{II}) \\ &= \frac{C''}{n^2} \cdot \left(\frac{u}{c_1}\right)^5 (\Phi_I^{5/2} \cdot \gamma_I + \Phi_{II}^{5/2} \cdot \gamma_{II}). \end{aligned}$$

Man sieht, daß der Wert dieses Ausdruckes in hohem Maße beeinflußt wird von dem Verhältnis u/c_1 und der Tourenzahl n.

Rechnet man beispielsweise wie früher mit $\varphi = 0{,}95$ und $(u/c_1)_{\text{für } \eta_u \max} = 0{,}2278$, dann wird

$$C'' \cdot (u/c_1)^5 = 6065,$$

$\gamma_{\mathrm{I}}, \gamma_{\mathrm{II}}, \Phi_{\mathrm{I}}$ und Φ_{II} sind Funktionen von p_e und, wenn auch nicht in analytischer Form, aus dem J—S-Diagramm zu entnehmen, nachdem sich mit $\psi = 0{,}8$ z. B. der zur Entnahme vorstehender Größen aus dem J—S-Diagramm nötige Wirkungsgrad einer Stufe bestimmt nach der schon bekannten Gleichung

$$\eta_u = 2\varphi^2 \left[X \cos \alpha_1 - Y (u/c_1)\right] (u/c_1).$$

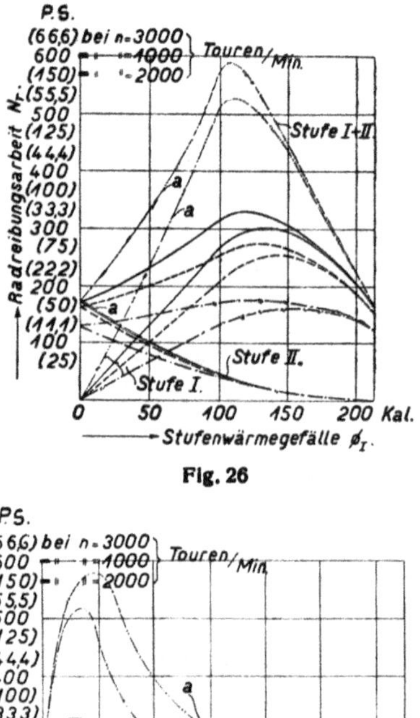

Fig. 26

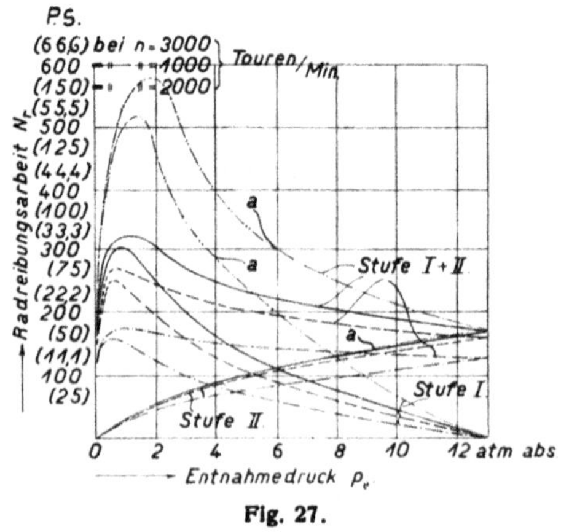

Fig. 27.

—··—··— $G \cdot n^2 = \infty$; $(u/c_1)_{\mathrm{I}} = (u/c_1)_{\mathrm{II}} = (u/c_1)$ für η_u max.

———— $Gn^2 = 18 \cdot 10^6$ ⎫
– – – – „ $= 12 \cdot 10^6$ ⎬ $(u/c_1)_{\mathrm{I}}$ von $(u/c_1)_{\mathrm{II}}$ verschieden.
—·—·— „ $= 6 \cdot 10^6$ ⎭

Die Darstellungen unter Fig. 26 und 27 geben in den mit »*a*« bezeichneten Kurven ein Bild von dem Verlauf der nach vorstehender Gleichung für N_r ermittelten Beträge für die Radreibungsarbeit bei verschiedenen Tourenzahlen, getrennt für beide Stufen, während Fig. 28 die Abhängigkeit der Werte für γ im Hoch- und Niederdruckteil, abhängig vom Stufenwärmegefälle Φ_I zeigt und so den verhältnismäßig kleinen Beitrag der II. Stufe zur gesamten Radreibungsarbeit im Vergleich zu dem der I. Stufe erklärt. Die Fig. 26 und 27 lassen auch die Abhängigkeit der Radreibungsarbeit vom Entnahmedruck sowie vom Verhältnis u/c_1 augenfällig werden. Die Kurve »*a*«

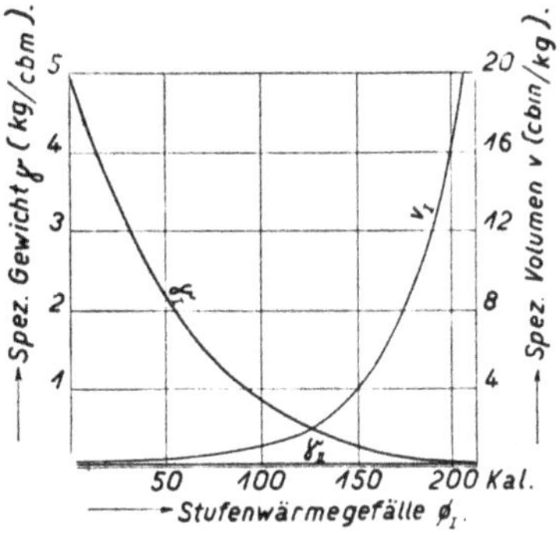

Fig. 28.

ist gezeichnet für $n = 1000$ Touren pro Minute, sie erhält aber für jede Tourenzahl Gültigkeit, wenn man den Ordinatenmaßstab als veränderlich annimmt. Die Radreibungsarbeit ist unter sonst gleichen Umständen umgekehrt proportional dem Quadrat der Tourenzahl; diese Tatsache erklärt in den Figuren 26 und 27 die in Klammern an der Ordinatenachse stehenden Zahlenwerte. Analog kann auch, unter sonst gleichbleibenden Umständen, durch Variation des Ordinatenmaßstabes einer verschiedenen Wahl des Verhältnisses u/c_1 Rechnung getragen werden. Würde man z. B. $u/c_1 = 0{,}1139$ statt 0,2278 wählen, so würden die Beträge für die Radreibungsarbeit im Verhältnis $1 : 2^5$ kleiner werden.

Man vermutet nach Vorausgehendem, daß der Wert von u/c_1, der zu $\eta_{i\,max}$ führt, von $(u/c_1)_{\eta_{u\,max}}$ verschieden sein wird, daß es günstigste Werte für $(u/c_1)_I$ und $(u/c_1)_{II}$, zunächst bei verschiedenen Raddurchmessern, geben muß, die diese Radreibungsarbeit zu einem Minimum bzw. $\eta_{i\,turb}$ zu einem Maximum machen.

β) u/c_1 in beiden Stufen voneinander verschieden.

Der Wirkungsgrad η_i der ganzen Turbine wird wie früher dann wieder am größten, wenn die Wirkungsgrade der Einzelstufen die bestmöglichen sind. Der Wirkungsgrad für die Einzelstufen ist gegeben durch die Gleichung

$$\eta_i = 2\varphi^2 \left[X \cos\alpha_1 - Y\,(u/c_1)\right](u/c_1) - \frac{\beta \cdot D^2 \cdot u^3 \cdot \gamma \cdot 75}{10^6 \cdot G_{sec} \cdot 427 \cdot \Phi} \quad . \quad (2)$$

wenn G_{sec} das sekundlich der betreffenden Stufe zuströmende Dampfgewicht ist und Φ das adiabatische Stufenwärmegefälle. Nach einfachen Umrechnungen läßt sich die Gleichung für den Wirkungsgrad η_i allgemein auch folgendermaßen schreiben:

$$\eta_i = 2\varphi^2 \left[X \cos \alpha_1 - Y (u/c_1)\right] (u/c_1) - C (u/c_1)^5 \frac{\Phi^{3/2} \cdot \gamma}{G_{sec} \cdot n^2} \quad . \quad (2')$$

wobei der Wert der Konstanten

$$C = \frac{3600 \cdot \beta \cdot \varphi^5 \cdot 75}{\pi^2 \cdot 427 \cdot 10^6} \cdot \left(\frac{2g}{A}\right)^{3/2}$$

ist. Der Ausdruck für η_i wird ein Maximum, wenn

$$\frac{d\eta_i}{d_\bullet(u/c_1)} = 0,$$

d. h., wenn die Funktion

$$f = 2\varphi^2 \left[X \cos \alpha_1 - 2Y (u/c_1)\right] - 5C (u/c_1)^4 \frac{\Phi^{3/2} \cdot \gamma}{G_{sec} \cdot n^2} = 0.$$

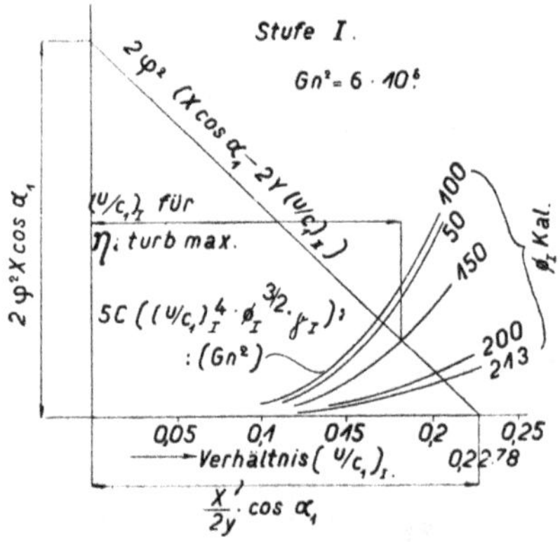

Fig. 29.

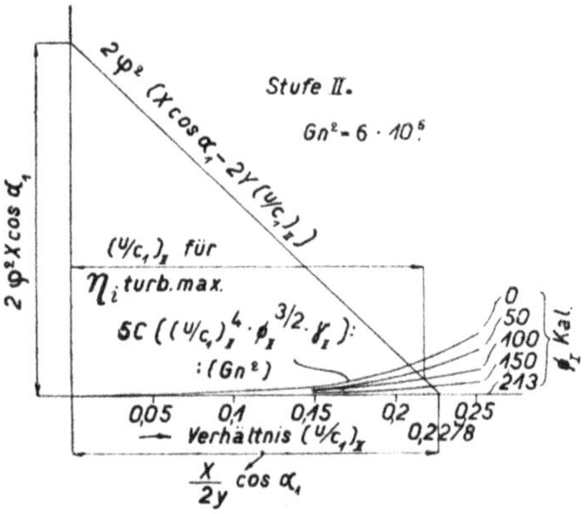

Fig. 30

Der daraus bestimmte Wert von $(u/c_1)_{\eta_i max}$ hängt ab von dem Produkt $G \cdot n^2$; d. h. bei einer bestimmten Tourenzahl von der Leistung — und umgekehrt bei einer bestimmten Leistung von der Tourenzahl der Turbine.

Die Lösung vorstehender Gleichung nach u/c_1 erfolgt am einfachsten graphisch nach einer in Fig. 29 und 30 zum Ausdruck gebrachten Weise, für die, bezüglich der Begründung, auf eine Abhandlung von Prof. Banki (Grundlagen zur Berechnung der Dampfturbinen, Zeitschr. f. d. ges. Turb. 1906, S. 94 u. f.) verwiesen sei. Die Darstellungen in Fig. 31 zeigen für beide Stufen den Verlauf der so ermittelten günstigsten Werte von u/c_1 und daraus folgend in Fig. 32 den der Werte für die zugehörigen Umfangsgeschwindigkeiten. Die Werte von u/c_1 sind gegenüber dem konstanten Wert von $(u/c_1)_{\eta_u \max}$ durchwegs kleiner und unterscheiden sich noch in-

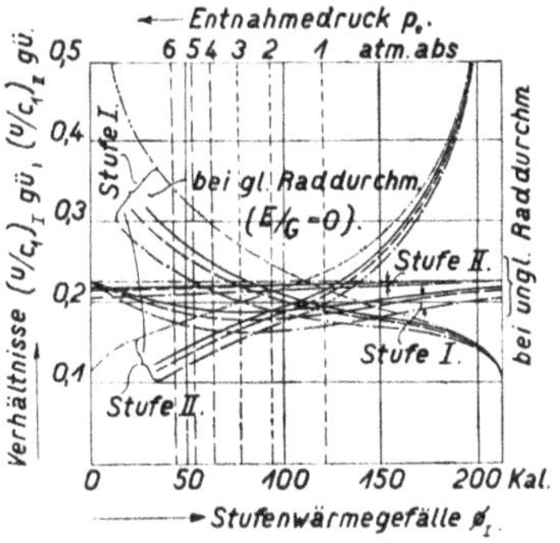

Fig. 31.

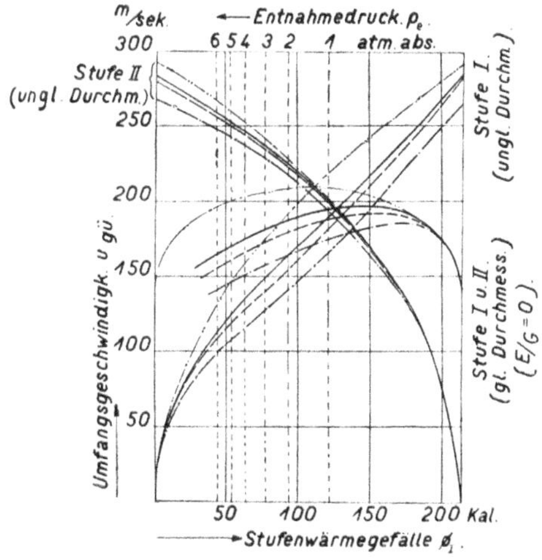

Fig. 32.

—··—··— $Gn^2 = \infty$ d. h. $(u/c_1)_{I\,gü} = (u/c_1)_{II\,gü} = (u/c_1)$ für η_u max.
——— „ $= 18 \cdot 10^6$.
– – – „ $= 12 \cdot 10^6$.
—·—·— „ $= 6 \cdot 10^6$.

sofern von ihm, als durch sie ihre bereits erwähnte Abhängigkeit von dem Produkt $G \cdot n^2$ zum Ausdruck gelangt. Je kleiner der Wert von $G \cdot n^2$ oder, was gleichbedeutend ist, von $N \cdot n^2$ wird, desto kleiner wird in beiden Stufen der Wert von u/c_1, der zum günstigsten $\eta_{i\,turb}$ führt. Wie die Darstellung erkennen läßt, werden die Absolutbeträge der Werte für Stufe I und II für das praktisch in Frage kommende Entnahmedruckgebiet um so mehr einander gleich, je größer $G \cdot n^2$ wird, bis sie für den Spezialfall $G \cdot n^2 = \infty$ einander gleich und von konstantem Betrag $= (u/c_1)_{\eta_u \max}$ werden, ein Umstand, auf den schon früher hingewiesen wurde.

Hat man für verschiedene Stufengefälle die Werte von $(u/c_1)_{I gü}$ und $(u/c_1)_{II gü}$ bestimmt, so ist damit aus obenstehender Gleichung für η_i der Stufenwirkungsgrad bekannt und damit $\eta_{i\,turb\,max}$ aus der Beziehung

$$\eta_{i\,turb\,max} = \frac{\eta_{i_I} \cdot \Phi_I + \eta_{i_{II}} \cdot \Phi_{II}}{\Phi_0}.$$

Die Bestimmung der zum Maximum von $\eta_{i\,turb}$ führenden Stufenwirkungsgrade erfolgt entweder direkt nach vorstehender Gleichung (2′) oder besser, unter Verwendung von Fig. 15 u. 31 nach einer modifizierten Form dieser Gleichung. η_i läßt sich als Differenz zweier Wirkungsgrade auffassen.

$$\eta_i = \eta_u - \eta_v,$$

wobei η_u den schon bekannten Wirkungsgrad am Radumfang und η_v eine Verlustgröße, im wesentlichen bedingt durch Radreibung und Ventilation, bedeutet.

$$\eta_i = 2\varphi^2 \left[X \cos \alpha_1 - Y (u/c_1)\right] (u/c_1) - \frac{(N_r \cdot n^2) \cdot 75}{(G n^2) \cdot 427 \cdot \Phi_I}$$

$$= \quad \eta_u \quad - \quad \eta_v$$

$$= \quad f(u/c_1) \quad - \quad \eta_v;$$

wie früher gezeigt, läßt sich der Ausdruck für die Radreibungsarbeit N_r wie folgt schreiben:

$$N_r = \frac{3600 \cdot \varphi^5 \cdot \beta \cdot \left(\sqrt{\frac{2g}{A}}\right)^{5/2}}{\pi^2 \cdot 10^6 \cdot n^2} \cdot (u/c_1)^5 \cdot \Phi^{5/4} \cdot \gamma$$

oder

$$N_r \cdot n^2 = \text{konst.}\ (u/c_1)^5 \cdot \Phi^{5/4} \cdot \gamma,$$

damit ist

$$\eta_i = f(u/c_1)_{gü} - \text{konst.}\ (u/c_1)^5_{gü} \cdot \frac{\Phi^{5/4} \cdot \gamma}{G_{sec} \cdot n^2}.$$

Für verschiedene Werte von Φ in Stufe I und Stufe II ergibt sich aus dem J—S-Diagramm das zugehörige γ, aus Fig. 31 der Wert von $(u/c_1)_{gü}$, damit aus der Wirkungsgradsparabel Fig. 15 der Minuent in vorstehendem Ausdruck für η_i und für verschiedene Werte von $G \cdot n^2$ der Subtrahent. (Fig. 33.)

Die graphische Darstellung in Fig. 34 läßt erkennen, daß bei den verschiedenen Werten von $G \cdot n^2$ die $\eta_{i\,\mathrm{turb}}$-Kurve einen auffälligen Verlauf insoferne zeigt, als man den maximal erreichbaren indizierten Wirkungsgrad einer Turbine als nahezu unabhängig von ihrer Leistung, ihrer Tourenzahl und dem Entnahmedruck betrachten

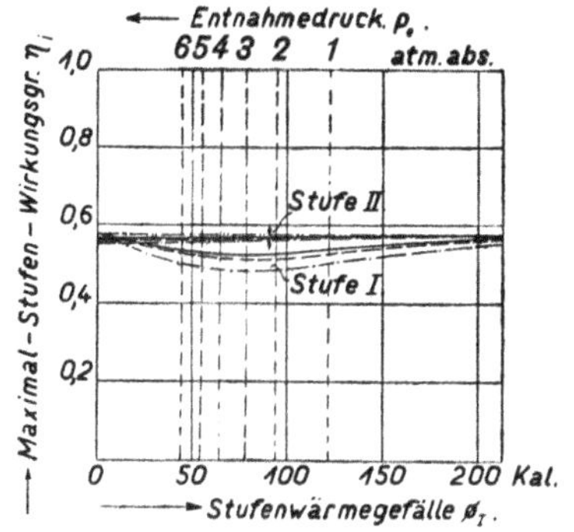

Fig. 33.

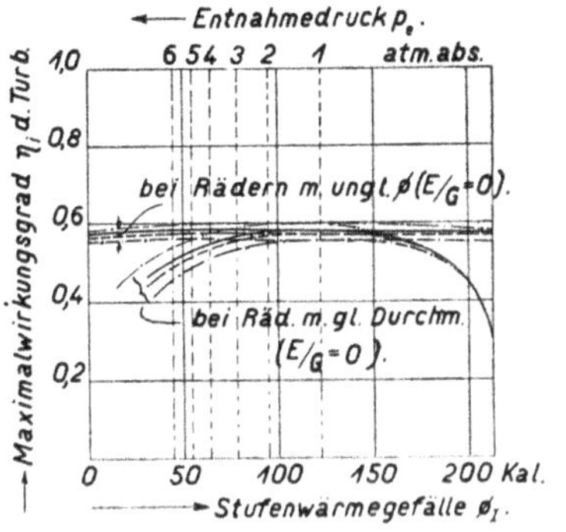

Fig. 34.

— ·· ·· ·· — $Gn^2 = \infty$, d. h. $(u/c_1)_{I\,gü} = (u/c_1)_{II\,gü} = (u/c_1)$ für η_u max.
——— $Gn^2 = 18 \cdot 10^6$. — — — $Gn^2 = 12 \cdot 10^6$. —·—·— $Gn^2 = 6 \cdot 10^6$.

kann; Voraussetzung für dieses Ergebnis ist, daß die verschiedenen Turbinen, entsprechend dem Wert von $G \cdot n^2$, den sie besitzen, mit den Werten von $(u/c_1)_I$ und $(u/c_1)_{II}$ arbeiten, deren Größe für unsere Annahmen aus der Fig. 31 hervorgeht. Die Turbinen mit hohem Wert von $G \cdot n^2$, also mit hoher Tourenzahl, falls es sich um Turbinen gleicher Leistung handelt, müssen demnach durchwegs höhere Radumfangsgeschwindigkeiten besitzen, als solche mit kleinerem Wert von $G \cdot n^2$, solange unsere Voraussetzungen über die Unveränderlichkeit der Geschwindigkeitskoeffizienten und des Wertes für β zutreffend sind.

Um eine Vorstellung zu geben, in welchen Grenzen sich praktisch der Wert von $G \cdot n^2$ bewegt, sei auf untenstehende Zahlen verwiesen. Bei Turbinen, die mit Drehstromgeneratoren gekuppelt sind, ist die Tourenzahl praktisch eine Funktion der Leistung, wenn auch keine stetige. Für die bei uns übliche Zahl von 50 Perioden pro Sekunde weisen neuere Turbinen ungefähr folgenden Zusammenhang zwischen Leistung und Tourenzahl auf:

Leistung	Tourenzahl	$G \cdot n^2$
1000— 4000 KW	3000	$18 \cdot 10^6$ — $72 \cdot 10^6$
4000— 9000 »	1500	$18 \cdot 10^6$ — $45 \cdot 10^6$
9000—20000 »	1000	$18 \cdot 10^6$ — $40 \cdot 10^6$.

Bei uns kommt die Bauart der reinen Curtisturbine wegen ihres, im Vergleich zu anderen Turbinengattungen, schlechten Wirkungsgrades nur für Leistungen unter 1000 KW in Betracht, also Werte von $G \cdot n^2$, die in der Mehrzahl der Fälle unter $\sim 18 \cdot 10^6$ liegen.

Man erkennt, daß die Raddurchmesser, die zur Erreichung des günstigsten Wertes von η_i, bei verschiedenen Entnahmedrücken, in Stufe I und Stufe II nötig sind, sehr voneinander abweichen, was durch die Verschiedenheit der Werte für u in Fig. 32 zum Ausdruck kommt, und daß es nur einen bestimmten Entnahmedruck gibt, bei dem sich mit Rädern gleichen Durchmessers dieses Maximum von η_i erreichen läßt. Dieser Wert für p_e liegt dort, wo die u-Kurven für Stufe I bzw. Stufe II sich schneiden.

2. Die zweistufige Turbine mit gleichen Raddurchmessern.

Wie früher fragt es sich auch jetzt, wie groß sind die minimalen Abweichungen von dem prinzipiell erreichbaren Maximum, wenn wir Räder gleichen Durchmessers voraussetzen?

Offenbar gilt allgemein für die zweistufige Turbine, von der zunächst die Rede sein soll:

$$\eta_i = \frac{2\varphi^2 \Phi_I}{\Phi_0} [X \cos\alpha_1 - Y (u/c_1)_I] (u/c_1)_I - C (u/c_1)_I{}^5 \frac{\Phi_I{}^{5/2} \cdot \gamma_I}{G n^2 \cdot \Phi_0}$$
$$+ \frac{2\varphi^2 \cdot \Phi_{II}}{\Phi_0} [X \cos\alpha_1 - Y (u/c_1)_{II}] (u/c_1)_{II} - C (u/c_1)_{II}{}^5 \frac{\Phi_{II}{}^{5/2} \cdot \gamma_{II}}{G n^2},$$

unter der Voraussetzung, daß die Dampfentnahme zunächst $= 0$ ist. Für Räder gleichen Durchmessers ist

$$(u/c_1)_{II} = (u/c_1)_I \sqrt{\frac{\Phi_I}{\Phi_{II}}};$$

damit findet sich nach einigen Umrechnungen $\eta_{i\,\text{turb}}$ aus

$$\eta_{i\,\text{turb}} = \frac{2\varphi^2}{\Phi_0} |(X \cos\alpha_1 \sqrt{\Phi_I} (\sqrt{\Phi_I} + \sqrt{\Phi_{II}}) (u/c_1)_I - 2 Y \Phi_I (u/c_1)_I{}^2|$$
$$- \frac{C}{\Phi_0 \cdot G \cdot n^2} \cdot (u/c_1)_I{}^5 \cdot \Phi_I{}^{5/2} (\gamma_I + \gamma_{II}) \quad . \quad . \quad . \quad . \quad (3)$$

Der Wert von $(u/c_1)_{I\,gü}$ ergibt sich wieder aus der Bedingung

$$\frac{d\,\eta_{i\,\text{turb}}}{d\,(u/c_1)_I} = 0,$$

d. h. aus

$$2\varphi^2 X \cos\alpha_1 (\sqrt{\Phi_I} + \sqrt{\Phi_{II}}) - 8 Y \varphi^2 \sqrt{\Phi_I}\, (u/c_1)_I -$$
$$- \frac{5C}{G \cdot n^2} (\gamma_I + \gamma_{II}) (u/c_1)_I{}^4 \cdot \Phi_I{}^2 = 0.$$

Die Auflösung dieser Gleichung nach $(u/c_1)_I$, für verschiedene Werte von Φ_I und damit von p_e, erfolgt nach Fig. 35 wieder graphisch, (Zur Begründung der Richtigkeit des Verfahrens diene wieder der Hinweis auf die schon erwähnte Arbeit von Prof. Banki.) ebenso

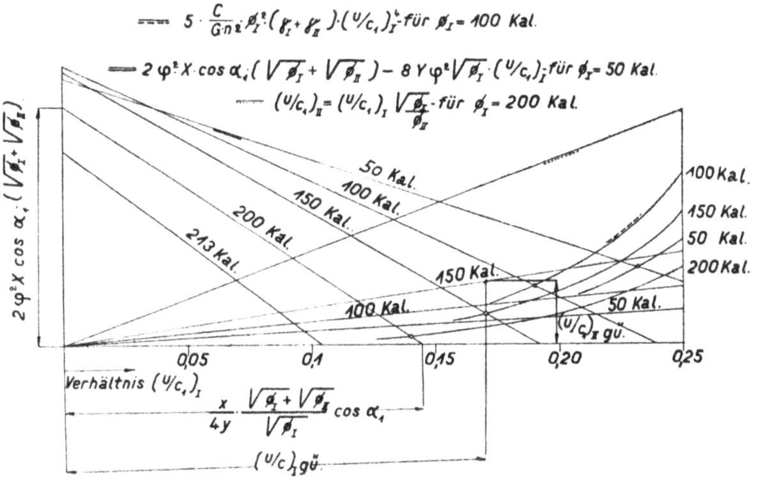

Fig. 35.

die Bestimmung von $(u/c_1)_{II}$, das eine lineare Funktion von $(u/c_1)^I$ ist. Das Ergebnis der graphischen Bestimmung von $(u/c_1)_I$ und $(u/c_1)_{II}$ ist in Fig. 31 als Funktion von Φ_I bzw. p_e aufgetragen und zeigt wieder die Abhängigkeit von dem Wert $(G \cdot n^2)$.

Die aus $(u/c_1)_I$ und $(u/c_1)_{II}$ berechneten, für die verschiedenen Entnahmedrücke günstigsten Radumfangsgeschwindigkeiten sind in Fig. 32 zur Darstellung gebraeht. Auffällig erscheint der veränderte Charakter dieser Kurven gegenüber denen, die zur Bestimmung des günstigsten Wirkungsgrades am Radumfang führten. Man erkennt wieder, wie beim vorher behandelten Fall, daß der verschiedene Charakter der Kurven in beiden Stufen sich um so mehr ausgleicht, je höher der Wert des Produktes $G \cdot n^2$ ist.

Nachdem die günstigsten Werte für $(u/c_1)_I$ bekannt sind, kann $\eta_{i\,turb}$ aus Gleichung (3) berechnet werden; durch Eintragen der berechneten Werte in ein Koordinatensystem nach Fig. 33 bzw. 34 ergeben sich die Abweichungen des $\eta_{i\,turb\,max}$ bei Rädern gleichen Durchmessers gegenüber dem absoluten Maximum, das sich ergibt, wenn u in Stufe I und II verschieden ist. Man sieht, daß in den praktisch vorkommenden Grenzen für p_e der Einfluß des Wertes von $(G \cdot n^2)$ sich stark geltend macht hinsichtlich des erreichbaren Wertes von $\eta_{i\,turb}$, und zwar um so stärker, je höher der Entnahmedruck ist.

Erscheint der analytische Weg, der nach Gleichung (3) zu $\eta_{i\,turb\,max}$ führt, prinzipiell einfach, so ist die praktische Durchführung der Rechnung danach doch zeitraubend, und man wird wieder, wie im Fall der Turbine mit ungleichen Raddurchmessern, nach der modifizierten Gleichung zuerst die Stufenwirkungsgrade berechnen und dann für verschiedene Werte von $(G \cdot n^2)$, abhängig vom Stufengefälle Φ_I bzw. dem Entnahmedruck, unter Benutzung der Fig. 15 bzw. 33 den Wirkungsgrad der ganzen Turbine.

2-stufige Turbinen mit gleichen Raddurchmessern.

Stufe I.

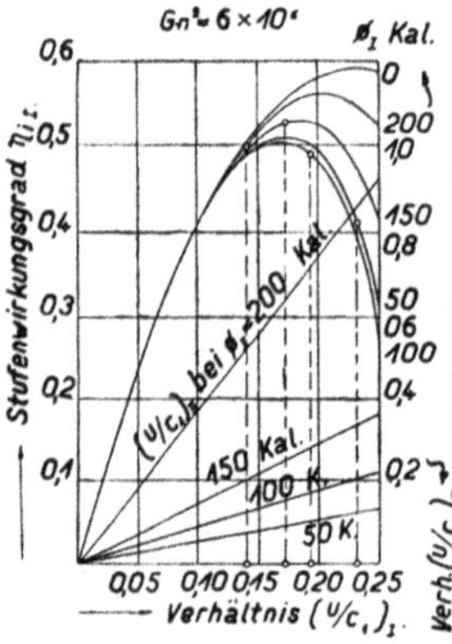

Fig. 36.

Stufe II.

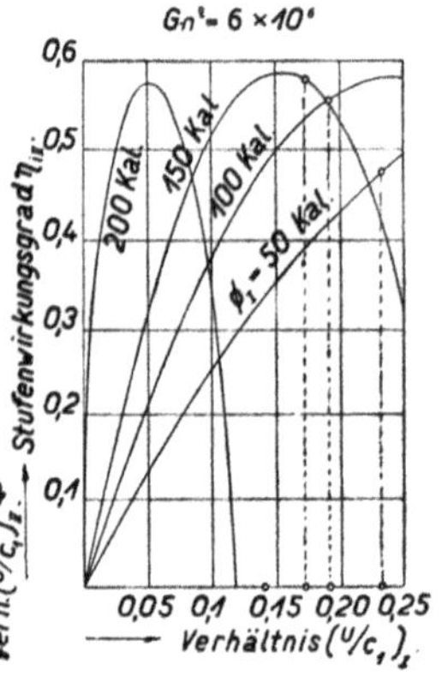

Fig. 37.

Ganze Turbine.

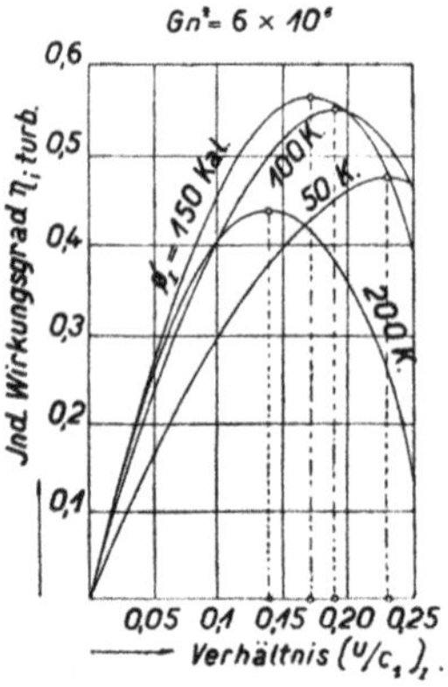

Fig. 38.

Zur Bestimmung von $\eta_{i\,turb\,max}$ kann auch eine graphisch-rechnerische Methode dienen, die einen Einblick gestattet, in welchem Grade sich die einzelnen Stufen am Zustandekommen des besten Wirkungsgrades beteiligen. Der Weg, der danach zum Ziele führt, wird durch die Figurenreihe 36 bis 38 veranschaulicht. Man zeichnet, abhängig von $(u/c_1)_I$ für Stufe I nach Gleichung (2) bei verschiedenen Stufengefällen die Wirkungsgradskurve, die eine parabelähnliche Gestalt hat. In dieselbe Figur trägt man ein die Geraden

$$(u/c_1)_{II} = (u/c_1)_I \sqrt{\frac{\Phi_I}{\Phi_{II}}} \quad \text{(Fig. 36)}$$

und findet damit zusammengehörige Werte von $(u/c_1)_I$ und $(u/c_1)_{II}$. Mit den gefundenen Werten von $(u/c_1)_{II}$ zeichnet man unter Zugrundelegung von Gleichung (2) in Anwendung auf Stufe II, abhängig von $(u/c_1)_I$, die Wirkungsgradskurven für diese Stufe (Fig. 37). Aus beiden Kurvenreihen ergibt sich die Wirkungsgradskurve, die für die ganze Turbine gilt, wenn man die schon bekannte Gleichung beachtet

$$\eta_{i\,\mathrm{turb}} = \eta_{i_I} \frac{\Phi_I}{\Phi_0} + \eta_{i_{II}} \frac{\Phi_{II}}{\Phi_0} \quad \text{(Fig. 38).}$$

Durch die Verbindung der Berührungspunkte der horizontalen Tangenten an die Wirkungsgradskurven (Fig. 38) ergibt sich die Kurve der maximalen $\eta_{i\,\mathrm{turb}}$ abhängig vom Stufengefälle, damit auch $(u/c_1)_{I\,gü}$ und $(u/c_1)_{II\,gü}$. Man erkennt aus Fig. 34, daß man sich vom erreichbaren Maximalwert von $\eta_{i\,\mathrm{turb}}$ mit Rädern gleichen Durchmessers um so weiter entfernt, je mehr der Entnahmedruck steigt und je kleiner das Produkt $(G \cdot n^2)$ ist. Auch hier wird in der Hinzunahme einer III. Stufe das Mittel zu suchen sein, diesen Verlust an Wirkungsgrad zu verringern. Doch zeigt der Verlauf der Kurven für die $\eta_{i\,\mathrm{turb}}$-Werte (Fig. 34), daß nicht, wie aus dem Verlauf der $\eta_{u\,\mathrm{turb}}$-Kurven (Fig. 7, 8) zu schließen war, die Höhe des Entnahmedruckes die Zunahme der III. Stufe unter allen Umständen rechtfertigt, sondern daß die Anwendung dieses Mittels in beträchtlichem Maße von dem Wert des Produktes $(G \cdot n^2)$ abhängt, also von Leistung und Tourenzahl der Turbine. Nur Turbinen mit hohem Entnahmedruck und kleinem $(G \cdot n^2)$ fordern diesen höheren Aufwand an konstruktiven Mitteln zur Verbesserung von $\eta_{i\,\mathrm{turb}}$.

3. Die dreistufige Turbine mit gleichen Raddurchmessern.

Die rein rechnungsmäßige Untersuchung der dreistufigen Turbine gestaltet sich schon sehr umständlich, und man muß deshalb vorwiegend mit graphischen Hilfsmitteln arbeiten, um hier zu Vergleichswerten zu gelangen. Der Gang der Untersuchung sei im folgenden kurz angedeutet.

Betrachtet man die Gleichung (2′) für η_i pro Stufe, so kann man diese in der Form anschreiben:

$$\eta_i = \eta_u - \eta_v,$$

wenn, wie früher

$$\eta_v = C \cdot \left(\frac{u}{c_1}\right)^5 \frac{\Phi^{3/2} \cdot \gamma}{G \cdot n^2}$$

den Verlust an Wirkungsgrad bedeutet, den wir durch die Radreibung und durch die Ventilation der Räder erleiden. Halten wir uns an gleichwinkelige Turbinen, so gilt bei diesen für jede Stufe

$$\eta_i = 2\,\varphi^2\,[X\cos\alpha_1 - Y\,(u/c_1)]\,(u/c_1) - C\,(u/c_1)^5\,\frac{\Phi^{3/2}\cdot\gamma}{G\cdot n^2}\,. \qquad (4)$$

$$= \qquad \eta_u \qquad - \qquad \eta_v$$

Für die II. und III. Stufe gilt, unter Voraussetzung der Entnahme nach Stufe I:

$$(u/c_1)_{\text{II, III}} = (u/c_1)_{\text{I}}\sqrt{\frac{2\,\Phi_{\text{I}}}{\mu'\,\Phi_{\text{II}}'}},$$

wenn wir, der einfachen rechnerischen Behandlung wegen, die Verteilung des nach der I. Stufe noch verbleibenden Restgefälles Φ_{II}' auf Stufe II und Stufe III so vornehmen, daß

$$\Phi_{\text{II}} = \Phi_{\text{III}} = \frac{\mu\cdot\Phi'_{\text{II}}}{2}$$

wird. Streng genommen dürfte, mit Rücksicht auf $\eta_{i\,\text{turb max}}$, die Verteilung des Restgefälles auf die beiden letzten Stufen nicht, wie erwähnt, gleich sein, denn es gibt wie aus Fig. 34 in Anwendung auf vorliegenden Fall zu entnehmen ist, für ein gegebenes Wärmegefälle nur eine Art der Aufteilung, bei der ein Maximum des indizierten

3-stufige Turbinen mit gleichen Raddurchmessern. $Gn^3 = 6\cdot 10^6$.

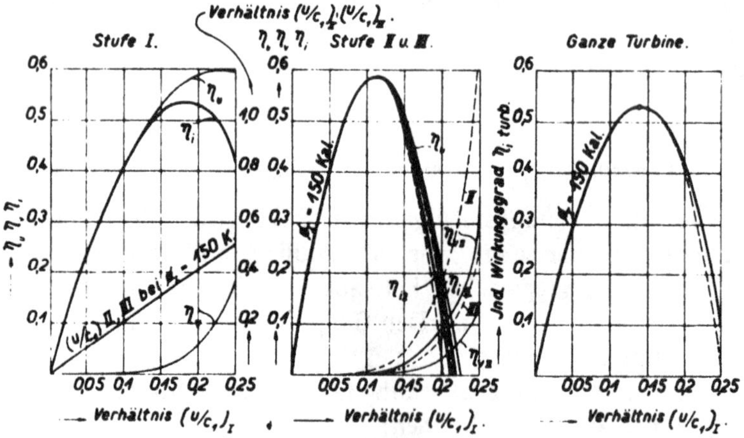

Fig. 39. Fig. 40. Fig. 41.

——— Turbinen ohne Dampfentnahme. $\Phi_{\text{I}} = 150$ Kal.
– – – „ mit „ $(E/G = 0{,}5)$ $\Phi_{\text{II}} = \Phi_{\text{III}}$.

Wirkungsgrades zu erwarten ist. Wegen des im Niederdruckgebiete geringeren Einflusses der Dampfdichte γ und der damit im Zusammenhang stehenden Radreibungsarbeit liegt für die praktisch vorkommenden Fälle aber der zunächst unbekannte Zwischendruck nach

Stufe II sehr in der Nähe des durch vorgenannte Wärmeverteilung gegebenen, wie auch aus Fig. 33 zu erkennen ist, so daß die Berücksichtigung vorgenannten Umstandes, die prinzipiell keine Schwierigkeiten macht, das Resultat praktisch nicht beeinflußt und die Komplikation der Untersuchung nicht rechtfertigt.

Man wird für die drei Stufen getrennt die Wirkungsgradskurve zeichnen, abhängig vom (u/c_1) der I. Stufe (bei verschiedenen Werten von p_e, also auch von Φ_1). Der erste Summand in Gleichung (4) stellt eine reine Parabel dar, während η_v als Kurve fünften Grades den in Fig. 39 bzw. 40 erkenntlichen Verlauf zeigt. Die zwischen beiden Kurven liegenden Strecken sind ein Maß für die Größe des indizierten Wirkungsgrades. Die Abhängigkeit des Wertes $(u/c_1)_{II}$, von $(u/c_1)_I$ ist eine lineare und aus der Fig. 39 zu entnehmen, so daß sich Fig. 40 ohne weiteres analog wie bei der Zweistufen-Turbine entwickeln läßt. Nach der bekannten Beziehung:

$$\eta_{i\,\mathrm{turb}}\,\Phi_0 = \eta_{i_I}\,\Phi_I + \eta_{i_{II}} \cdot \Phi_{II} + \eta_{i_{III}} \cdot \Phi_{III}$$

ergibt sich dann, zunächst unter der Voraussetzung, daß die Dampfentnahme 0 ist, der Wirkungsgrad der ganzen Turbine nach Fig. 41, ebenso

$$\eta_{i\,\mathrm{turb\,max}}, \quad (u/c_1)_{gü}, \quad u_{gü} \text{ usw.}$$

wie früher.

b_2) Der indizierte Wirkungsgrad. ($E/G > 0$.)

Ist die Dampfentnahme von 0 verschieden, so wird gegenüber der normalen Turbine gleicher Leistung und Tourenzahl, abgesehen von der durch die höhere Beaufschlagung verringerten Ventilationsarbeit, der indizierte Wirkungsgrad der Hochdruckstufe eine Verbesserung, der der Niederdruckstufe dagegen eine Verschlechterung erfahren, da der Wert von G, der in der Gleichung für den Stufenwirkungsgrad vorkommt, für den Hochdruckteil größer, für den Niederdruckteil dagegen kleiner wird als bei der normalen Kondensationsturbine ($E/G = 0$).

Am Schlusse des Abschnittes wird gezeigt, daß der Gesamtwirkungsgrad der Energieumsetzung bei der kombinierten Kraftheizungsanlage (mit Werten von $E/G > 0$) dann einen Höchstwert erreicht, wenn in der Turbine die Umsetzung der zugeführten Wärme in mechanische Energie mit dem erreichbaren Maximum erfolgt. Bei Außerachtlassung des Energiebetrages, der durch Radreibung und Ventilation, Wirbelung usw. aufgezehrt wird, hängt vorerwähntes Maximum ab vom thermodynamischen Wirkungsgrad der Energieumwandlung in der Turbine und erreicht für die verschiedenen Werte von (E/G) dann seinen größten Wert, wenn der thermodynamische Wirkungsgrad der Turbine ohne Entnahme aber gleicher Stufenwärmegefällsverteilung seinen Höchstwert aufweist; letzterer ist unabhängig vom Werte E/G.

Bei Berücksichtigung des Energieverlustes durch Radreibung und Ventilation wird der Totalwirkungsgrad der Anlage auch wieder dann am größten, wenn der Wirkungsgrad der Energieumsetzung in der Turbine ein Maximum erreicht, dieser ist aber, wie schon der Aufbau der Gleichung für den Stufenwirkungsgrad erkennen läßt, abhängig von E/G und außerdem vom Wert des Produktes $G \cdot n^2$. Er wird im allgemeinen bei gleichem $G \cdot n^2$ um so schlechter, je größer E/G wird.

Der Verlauf der η_v-Kurve in Fig. 39 bzw. 40 zeigt, daß die Ordinaten erst von einem gewissen Abszissenwerte ab nennenswerte Beträge erreichen. Liegt nun der Wert von $(u/c_1)_{I\,ga}$, der in der Hauptsache von der Turbinenart — ob zwei- oder dreistufig — und dem Entnahmedruck p_e abhängig ist (siehe Fig. 38), noch diesseits vorgenannter Grenze, so verändert eine Variation von E/G in der II. bzw. III. Stufe wohl den Verlauf der parabelähnlichen η_i-Kurve (Fig. 40, 41), nicht aber den Wert von $(u/c_1)_{ga}$ und $\eta_{i\,\text{turb max}}$. Bei der zweistufigen Turbine mit $E/G = 0$ steigt, nach Fig. 38, der Wert des Verhältnisses $(u/c_1)_{I\,ga}$ mit dem Entnahmedruck, für unsere Annahmen, wie folgt:

$\Phi_I =$	200	150	100	50	Kalorien.
$p_e =$	0,09	0,45	1,7	5,25	Atm. abs.
$(u/c_1)_{I\,ga} =$	0,14	0,17	0,19	0,23	» »

Erst für Entnahmedrücke entsprechend $(u/c_1)_{I\,ga} \geqq 0{,}15$ wird sonach der Wert des Verhältnisses E/G auf den Betrag des indizierten Wirkungsgrades von einiger Bedeutung sein (Fig. 39, 40); es hat ein zunehmender Wert von (E/G), wenn es sich um einen Vergleich von Turbinen mit gleicher Hochdruckdampfmenge, also gleichem $G \cdot n^2$ handelt, eine Abnahme des Wirkungsgrades zur Folge. Bei dreistufigen Turbinen liegt bei gleichem Wert von $(u/c_1)_{I\,ga}$ wie bei zweistufigen Turbinen der Wert des Entnahmedruckes höher als bei letztgenannter Turbinenart, wie der Vergleich von Fig. 38 und 41 lehrt; es liegt somit die Grenze für den Entnahmedruck, von dem ab das Verhältnis (E/G) auf den indizierten Wirkungsgrad von Einfluß wird, höher als bei der zweistufigen Turbine.

Den Gang der Untersuchung für beliebige Werte von E/G bei verschiedenen Werten von $G \cdot n^2$ und p_e läßt die Figurenreihe 39 bis 41 am Beispiel der dreistufigen Turbine erkennen. Auf die weitere Durchführung der Untersuchung soll jedoch hier nicht eingegangen werden.

A_2) Zweikränzige Düsen-Turbinen mit beliebigen Schaufelwinkeln.

Hat man es nicht mit gleichwinkeligen Turbinen zu tun, wie bisher vorausgesetzt war, so läßt sich bei Annahme irgendeiner Gesetzmäßigkeit über die Schaufelwinkel rechnerisch die Sache in einfacher Weise nicht mehr behandeln, da die mathematischen Hilfs-

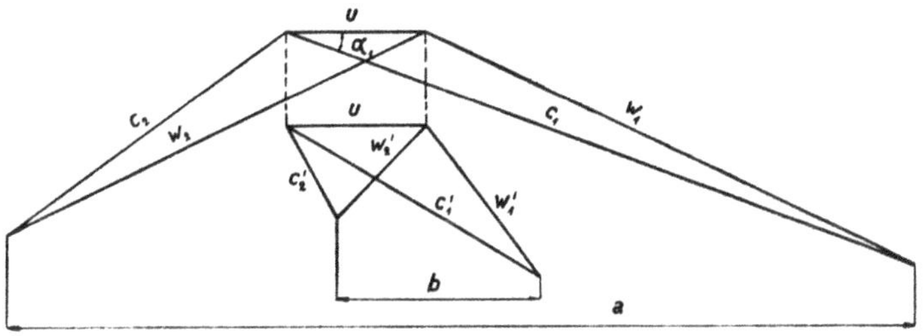

Fig. 42.

mittel in der Anwendung zu schwerfällig werden. Man ist dann auf die vorwiegend graphischen Methoden, wie sie zum Teil schon im Vorausgehenden angewandt wurden, unter Zuhilfenahme der Geschwindigkeitsdreiecke angewiesen, bei Verwendung der Gleichung für den Stufenwirkungsgrad in der Form

$$\eta_i = 2\,\varphi^2\,\frac{a+b}{c_1}\cdot\left(\frac{u}{c_1}\right) - C\left(\frac{u}{c_1}\right)^5 \frac{\Phi^{2/3}\cdot\gamma}{G\cdot n^2},$$

in der die Buchstabengrößen die von früher her bekannte bzw. die aus Fig. 42 ersichtliche Bedeutung haben. Die Gleichung gilt für eine beliebige Wahl der Schaufelwinkel, was eine Lösung der im vorausgehenden gestellten Fragen in allgemeiner Form ermöglicht.

B) Leitrad-Turbinen.

Bei dieser Turbinenart, sei es, daß sie nach dem Aktions- oder nach dem Reaktionsprinzip arbeitet, kann man nach den bisher üblichen Anschauungen ohne besondere Vorkehrungen die Leit- bzw. Leit- und Laufkanäle einer Stufe nicht jedem zur Verfügung gestellten

Stufenwärmegefälle anpassen; es lassen sich danach höhere als Schallgeschwindigkeiten in gewöhnlichen Leitapparaten im allgemeinen nicht erreichen. Neuere Versuche, wie sie von Dr. Christlein und Dr. Loschge angestellt wurden, haben diese Anschauungen allerdings, wie wir auch später noch sehen werden, nicht bestätigt.

Stellt man sich vor, daß die Turbine sehr viele Stufen besitzt, so haben wir einen stetigen Druckverlauf längs der ganzen Turbine zu erwarten, wie er etwa in Fig. 43 zum Ausdruck kommt, die der Arbeit von Dr. Loschge entnommen ist. (Zeitschr. f. d. ges. Turb. 1911, S. 315.) Eine Veränderung des Entnahmedruckes bedeutet für eine Neukonstruktion sonach nur eine Verrückung der Anzapfstelle längs der Turbine und ist ohne Einfluß auf den Wirkungsgrad am Radumfang sowohl als auch an der Radnabe, wenn wir zunächst wieder $E/G = 0$, voraussetzen. Ein Wert von $E/G > 0$ beeinflußt naturgemäß, wie bei der Düsenturbine mit wenigen Druckstufen, den Wirkungsgrad an der Radnabe in dem früher angedeuteten Sinne, abhängig vom Entnahmedruck p_e nach Maßgabe der Größe $G \cdot n^2$ und des Verhältnisses E/G. Sieht man von der Beeinflussung der Wirtschaftlichkeit durch den Energieverlust ab, der durch Reibung und Ventilation verursacht wird, so bedingt, wenn man den Einfluß des Entnahmedruckes bzw. der Entnahme überhaupt auf Stufenzahl, Raddurchmesser und Wirkungsgrad betrachtet, die Entnahmeturbine im wesentlichen keine Änderungen der Konstruktionsprinzipien gegenüber einer normalen Kondensationsturbine. Die Veränderung des Entnahmedruckes hat nur eine verschiedene Aufteilung der Gesamtstufenzahl auf Hochdruck- und Niederdruckteil der Turbine zur Folge.

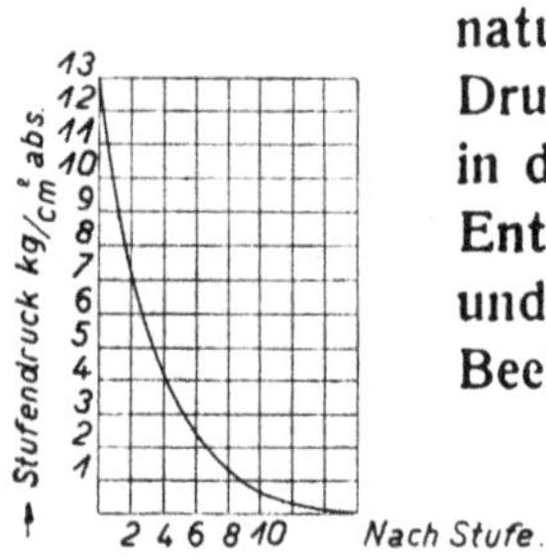

Fig. 43.

Eine Verbesserung des indizierten Wirkungsgrades gegenüber der reinen Kondensationsturbine gleicher Leistung läßt sich allerdings wegen der größeren Beaufschlagung des Hochdruckteiles bei der Gleichdruck-Entnahmeturbine erwarten. Im Niederdruckteil ist das Dampfvolumen so groß, daß man die Beaufschlagung bei Entnahmeturbinen trotz der kleineren Dampfmenge für nicht zu große Werte von E/G gegenüber der Kondensationsturbine gleicher Leistung nicht zu ändern braucht.

Bei der Überdruckturbine gestattet die größere Dampfmenge, die bei der Entnahmeturbine den Hochdruckteil passiert, eine Vergrößerung des Durchmessers der Trommel; nachdem das pro Stufe verarbeitete Wärmegefälle bei gleichem (u/c_1) proportional dem Quadrat des mittleren Stufendurchmessers ist, so kann jetzt pro Stufe mehr Wärmegefälle mit gleichem Wirkungsgrad umgesetzt werden, was eine Verringerung der Stufenzahl des Hochdruckteiles und damit der Gesamtstufenzahl zur Folge hat und eine kürzere Bauart der Turbine ermöglicht. Im Niederdruckteil wird man, wegen der mit Zunahme von E/G kleiner werdenden Schaufellängen mit einer kleinen Erhöhung der Spaltverluste zu rechnen haben.

Im Gegensatz zur Düsenturbine mit gleichen Raddurchmessern und mit wenig Druckstufen ist man bei der Leitradturbine in ihren üblichen Ausführungsformen bezüglich des Wirkungsgrades im Niederdruckteil fast vollkommen unabhängig vom Hochdruckteil. Solange die Stufenzahl keine Grenze setzt, kann man den durch die Schaufelwinkel und die Verlustkoeffizienten bedingten Höchstwert erreichen. An die Stelle der günstigsten Umfangsgeschwindigkeit tritt hier der Wert $\sum_{o}^{s} u^2$, also ein Kompromiß zwischen Umfangsgeschwindigkeit und Stufenzahl, dessen Beeinflussung durch die Entnahme bereits angedeutet wurde. Da die Entnahmeturbine hinsichtlich dieses Wertes gegenüber normalen Turbinen keine Sonderstellung einnimmt, so kann an dieser Stelle auf dessen weitere Betrachtung verzichtet werden.

C) Kombinierte Turbinen.

Die kombinierte Turbine, die im Laufe der Zeit die herrschende geworden ist, besteht, solange man nur stationäre Turbinen betrachtet, in der Mehrzahl der Fälle im Hochdruckteil aus einem (meist zweikränzigen) Curtisrad, während der Niederdruckteil entweder nach dem Aktions- oder Reaktionsprinzip ausgebildet ist und eine Reihe einfacher Druck- bzw. Überdruckstufen besitzt. Die Entnahme erfolgt in der Regel nach dem Curtisrad.

Ist das Wärmegefälle, das auf die Hochdruckstufe trifft, sehr groß, d. h. der Entnahmedruck verhältnismäßig niedrig, so kann es angezeigt sein, im Interesse eines guten Hochdruckwirkungsgrades bei kleinerem Raddurchmesser zwei Curtisräder dem Niederdruckteil vorzuschalten. Die Entnahme erfolgt nach dem zweiten Rad. Die Verteilung des Hochdruckgefälles auf Stufe I und II wird man, wie aus dem Bisherigen hervorgeht, so treffen, daß jede Stufe mit einem Wert von (u/c_1) arbeitet, der den größten Stufenwirkungsgrad erwarten läßt. Wegen des Einflusses der Radreibung muß diese Verteilung des Wärmegefälles rechnungsgemäß so erfolgen, daß bei gleichen Raddurchmessern die I. Stufe ein etwas größeres Gefälle verarbeitet als die II. Stufe. Man wird danach streben, den Durchmesser des Curtisrades aus konstruktiven Gründen dem der übrigen Stufen gleichzumachen.

Abgesehen von der Überdruckturbine, bei der sich diese Maßnahme wegen der allgemein üblichen Vollbeaufschlagung des Niederdruckteiles und der dadurch bedingten kleinen Trommeldurchmesser meist nicht durchführen läßt, findet man aber auch bei Druckturbinen in der Praxis auf diesen Umstand doch kein besonders großes Gewicht gelegt. Die Gründe, die die Entwicklung der kombinierten Turbine begünstigten, waren in erster Linie betriebstechnischer Art, denen gegenüber man den verhältnismäßig schlechten Wirkungsgrad des Curtisrades in Kauf nahm, welchen man durch eine bessere Durchbildung des Niederdruckteiles wieder wett zu machen suchte. Ein je größeres Gefälle nun im Hochdruckteile verarbeitet wird, ein um so größeres Interesse hat man daran, dies mit gutem Wirkungsgrad auszunützen, desto größer wird dazu der Durchmesser des Curtisrades sein müssen, um den günstigsten Wert von (u/c_1) zu erhalten. Aus diesem Grunde findet man bei Turbinen gleicher Herkunft, je nach dem Hochdruckgefälle, den Curtisteil verschieden ausgeführt, im Gegensatz zur normalen Turbine, bei der man in der Wahl des Hochdruckwärmegefälles eine größere Freiheit besitzt.

II. Die Leistung.

Nach dem Bisherigen läßt sich sagen, daß der indizierte Gesamtwirkungsgrad einer Turbine eine von dem Entnahmedruck und der entnommenen Dampfmenge in gewissen Grenzen unabhängige Größe ist, die bei den Düsenturbinen mit wenigen Stufen nur in ihren Grenzwerten, bei den Leitrad- und den kombinierten Turbinen praktisch überhaupt nicht vom Entnahmedruck beeinflußt wird. Während diese Unabhängigkeit bei den letztgenannten Gattungen von Turbinen bis zu einem gewissen Grade auch für den Hochdruck- und für den Niederdruckteil gilt, ist dies bei der Curtisturbine, wie wir gesehen haben, nicht der Fall, solange man gleiche Raddurchmesser anstrebt.

Die weitaus vorherrschende Ausführungsform der Entnahmeturbine ist bei uns, aus den auch für die normale Turbine geltenden

Gründen, eine Kombination aus einem oder einigen Curtisrädern als Hochdruckteil und einer Reihe von einfachen Gleich- bzw. Überdruckrädern als Niederdruckteil.

Die reine Curtisturbine hat gegenüber den vielstufigen Turbinen den Vorteil der billigeren Herstellung und der durch eine geringe Baulänge bedingten erhöhten Betriebssicherheit, aber den Nachteil eines für unsere Verhältnisse relativ niederen Wirkunsgrades. In Amerika, wo man dem letztgenannten Gesichtspunkte noch weniger Beachtung schenkt, hat sie sich für große Leistungen behaupten können, während sie bei uns nur in verhältnismäßig kleinen Ausführungsformen vorkommt.

In den folgenden Betrachtungen ist deshalb vor allem die vielstufige Turbine ins Auge gefaßt, obwohl die Entwicklungen allgemeine Gültigkeit behalten.

Den graphischen Darstellungen, die die Untersuchungen wieder an Hand eines Zahlenbeispiels veranschaulichen, liegt ein Wirkungsgrad η_i von 0,6 zugrunde, der für Hoch- und Niederdruckteil als gleich vorausgesetzt wurde, eine Annahme, die natürlich ganz willkürlich aber so getroffen ist, daß η_i unter der erreichbaren Grenze liegt.

Das Eindringen in die folgenden Betrachtungen gestattet die Hauptgleichung, die in ihrer allgemeinsten Form für jede Wärmekraftmaschine gilt:

$$632{,}3 \cdot N_i = G \cdot \Phi_{\rm I} \cdot \eta_{i_{\rm I}} + (G - E)\, \Phi_{\rm II}\, \eta_{i_{\rm II}},$$

wobei der Index I für den Hochdruckteil, der Index II für den Niederdruckteil Geltung hat und die Buchstabengrößen die von früher her bekannte Bedeutung haben. Die Hauptgleichung läßt in der Form:

$$N_i = \frac{G \cdot \Phi_{\rm I}\, \eta_{i_{\rm I}}}{632{,}3} + \frac{(G - E)\, \Phi_{\rm II} \cdot \eta_{i_{\rm II}}}{632{,}3}$$

$$= N_{i_{\rm I}} + N_{i_{\rm II}}$$

den Beitrag des Hoch- und Niederdruckteiles zur Gesamtleistung erkennen, dessen Größe außer von E und G in hohem Maße vom Entnahmedruck p_e abhängig ist, was durch den veränderlichen Wert von $\Phi_{\rm I}$ in obiger Gleichung zum Ausdruck kommt. Für die vereinfachte Annahme, daß

$$\eta_{i_{\rm I}} = \eta_{i_{\rm II}} = \eta_i$$

ist, läßt sich die Gleichung in die für vorliegenden Zweck bequemere Form bringen

$$N_i = G \cdot \mu\, \Phi_0\, \frac{\eta_i}{632{,}3} - E \cdot \Phi_{\rm II}\, \frac{\eta_i}{632{,}3} \quad . \; . \; . \quad (5)$$

Je größer sonach der Entnahmedruck ist, desto größer wird Φ_{II} und damit die Leistungsabnahme, die gegenüber der Turbine ohne Entnahme eintritt, wenn die übrigen Größen auf der rechten Gleichungsseite konstant bleiben.

$E \cdot \Phi_{II} \cdot \frac{\eta_i}{632{,}3}$ stellt diese Abnahme an Leistung dar. Sie nimmt mit Φ_{II} linear zu, was in dem Diagramm Fig. 44 zum Ausdruck

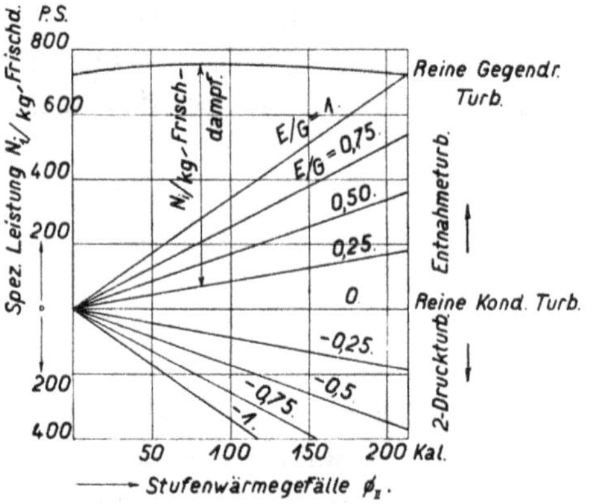

Fig. 44.

kommt, dem für die Größe G der Wert 1 kg/Sek. zugrunde liegt, so daß das Diagramm spezifische Leistungen zeigt und sich für beliebige Werte von G und E verwerten läßt.

Der größeren Deutlichkeit halber werden wir aber an Hand der Fig. 45 uns zunächst allgemein ein Bild über die Abhängigkeit der Leistung vom Entnahmedruck und der entnommenen Dampfmenge verschaffen. Setzen wir in Gleichung (5) $E = 0$, dann ergibt sich die Leistung der reinen Kondensationsturbine:

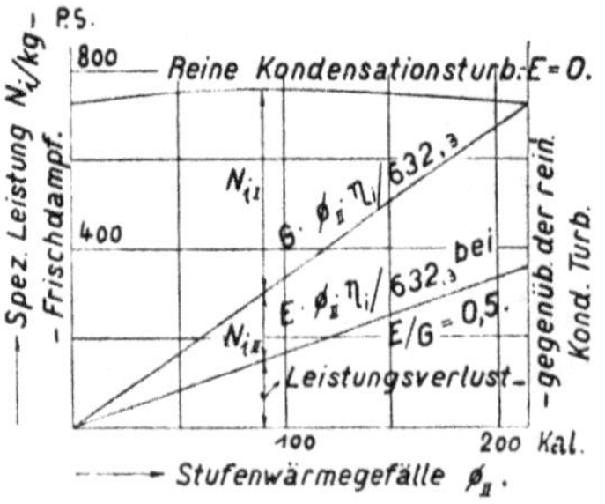

Fig. 45.

$$N_i = G \cdot \mu \cdot \Phi_0 \cdot \frac{\eta_i}{632{,}3};$$

sie ist, wie die Figur zeigt, für feste Werte von G, Φ_0 und η_i keine konstante Größe, sondern hängt ab von der Aufteilung des Gesamtwärmegefälles auf Hoch- und Niederdruckteil, sie zeigt sonach in der graphischen Darstellung den Charakter der μ-Kurve in ihrer Abhängigkeit von Φ_{II}. Die Gerade $E\,\Phi_{II}\,\frac{\eta_i}{632{,}3}$ stellt die Leistungsabnahme dar, welche die Dampfentnahme zur

Folge hat, so daß die Strecken, die zwischen dieser Geraden und der Kurve für $E = 0$ liegen, ein Maß für die Gesamtleistung sind. Diese läßt sich noch zerlegen in die Teilleistungen, die auf Hoch- und Niederdruckteil entfallen.

Offenbar ist die Niederdruckleistung:

$$N_{i_{II}} = (G - E)\,\frac{\eta_i\,\Phi_{II}}{632{,}3} = \left(G \cdot \Phi_{II}\,\frac{\eta_i}{632{,}3} - E\,\Phi_{II}\,\frac{\eta_i}{632{,}3}\right).$$

Sie steht sonach auch in linearer Abhängigkeit von Φ_{II} und wird durch die Strecken zur Darstellung gebracht, die zwischen den beiden Geraden $G\Phi_{II}\,\frac{\eta_i}{632{,}3}$ und $E \cdot \Phi_{II}\,\frac{\eta_i}{632{,}3}$ liegen.

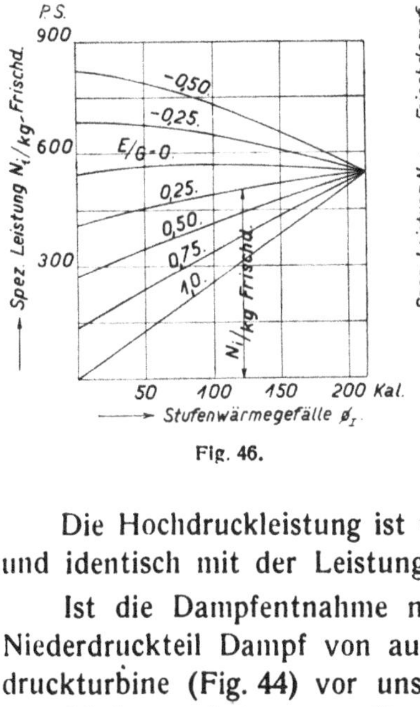

Fig. 46.

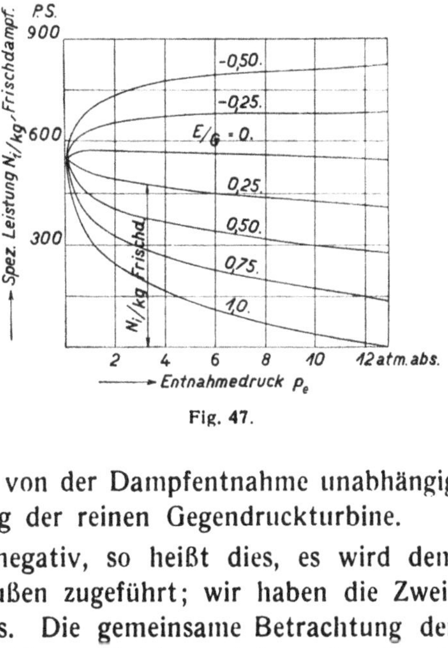

Fig. 47.

Die Hochdruckleistung ist von der Dampfentnahme unabhängig und identisch mit der Leistung der reinen Gegendruckturbine.

Ist die Dampfentnahme negativ, so heißt dies, es wird dem Niederdruckteil Dampf von außen zugeführt; wir haben die Zweidruckturbine (Fig. 44) vor uns. Die gemeinsame Betrachtung der verschiedenen Arten von Turbinen bietet, nachdem sie alle als Sonderfälle einer allgemeinen Turbine zu deuten sind, in der Darstellung keine Schwierigkeiten, und wir wollen sie deshalb, soweit es möglich ist, sie von gemeinsamen Gesichtspunkten aus zu behandeln, im Zusammenhang betrachten.

Wir bringen die Gleichung in die für die Anwendung bequemere Form:

$$N_i = G\,[\mu\,\Phi_0 - (E/G)\,\Phi_{II}]\,\frac{\eta_i}{632{,}3};$$

für $G = 1$ kg/sec. ergeben sich dann die spezifischen Leistungen zu

$$N_{i\,\mathrm{spez.}} = \left(\frac{N_i}{G}\right) = [\mu \cdot \Phi_0 - (E/G)\,\Phi_{II}]\,\frac{\eta_i}{632{,}3} \cdot 3600;$$

eine zweite Fassung der Gleichung, die die Leistungsverteilung auf Hoch- und Niederdruckteil und die Leistungsabnahme, die wir durch die Dampfentnahme erleiden, besser erkennen läßt, ist die folgende:

$$N_{i\,\mathrm{spez.}} = \left(\frac{N_i}{G}\right) = \left[\Phi_I \cdot \frac{\eta_{i_I}}{632{,}3} + \underline{\Phi_{II}\,\frac{\eta_{i_{II}}}{632{,}3} - \left(\frac{E}{G}\right)\Phi_{II} \cdot \frac{\eta_{i_{II}}}{632{,}3}}\right] \cdot 3600$$
$$= \frac{N_{i_I}}{G} + \frac{N_{i_{II}}}{G}.$$

Die Darstellung dieser Gleichung in einem Koordinatensystem mit Φ_{II} als Abszisse und $\frac{N_i}{G}$ als Ordinate zeigt natürlich denselben Verlauf wie die der allgemeineren Gleichung; es beziehen sich die Ordinaten auf eine Dampfaufnahme der Turbine im Hochdruckteil von 1 kg/Sek. An Stelle der Leistungsabnahme tritt bei der Zweidruckturbine eine Leistungszunahme.

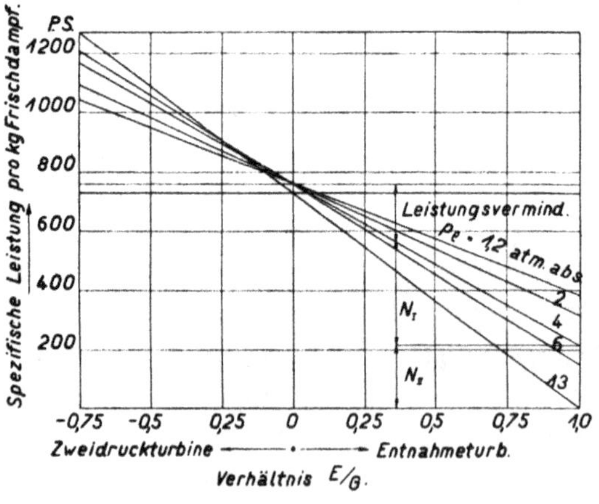

Fig. 48.

Die Abhängigkeit der Leistung von Φ_I bzw. p_e zeigen die Fig. 46 und 47, die aus Fig. 44 im Zusammenhang mit den Fig. 4 und 6 abgeleitet sind. In Fig. 48 sind als Abszissen die Werte für das die Entnahmemenge kennzeichnende Verhältnis E/G verwendet, zugleich zeigt das Diagramm die Erweiterung, wenn E/G negativ wird, wir also ins Gebiet der Zweidruckturbinen kommen.

III. Dampf- und Wärmeverbrauch.

1. Dampfverbrauch.

Der Dampfverbrauch pro PS_i/Std. ergibt sich aus der Hauptgleichung zu

$$\frac{G}{N_i} = \frac{632{,}3}{[\mu \Phi_0 - (E/G) \cdot \Phi_{II}]\, \eta_i} = \frac{632{,}3}{\eta_i \cdot \Phi} = D_{i(K+H)}$$

wobei

$$\Phi = \mu \Phi_0 - (E/G)\, \Phi_{II}$$

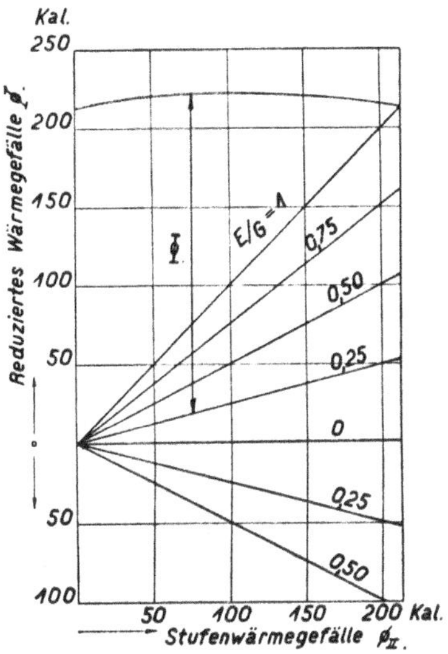

Fig. 49.

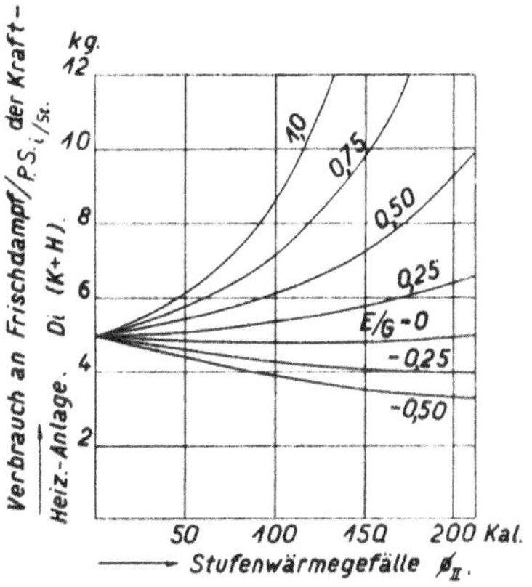

Fig. 50.

ein reduziertes Wärmegefälle darstellt, das von der Dampfentnahme und dem Entnahmedruck abhängig ist und dessen Gesetzmäßigkeit in Fig. 49 zum Ausdruck gebracht ist. Je kleiner dieses reduzierte Gefälle, desto größer ist naturgemäß der Dampfverbrauch pro Leistungseinheit der Kraftheizungsanlage (Fig. 50).

Der Dampfverbrauch zur Krafterzeugung a l l e i n erfährt durch die Entnahme eine Minderung, wie aus der Gleichung ersichtlich:

$$D_{i(K)} = \frac{632{,}3\,(1 - E/G)}{[\mu \Phi_0 - (E/G)\, \Phi_{II}]\, \eta_i} = (1 - E/G) \cdot D_{i(K+H)} \quad . \quad (6)$$

Ist sonach $E/G = 1$, d. h. haben wir die reine Gegendruckturbine vor uns, bei der der gesamte Abdampf zur Heizung Verwendung findet, so ist der D a m p f verbrauch zur Krafterzeugung gleich 0. Da aber der Dampf vor der Turbine einen anderen Wärmeinhalt

4*

besitzt als nach der Turbine, so ist doch der Energieverbrauch zur Krafterzeugung von 0 verschieden, was ja nach dem ersten Hauptsatz der Thermodynamik selbstverständlich ist.

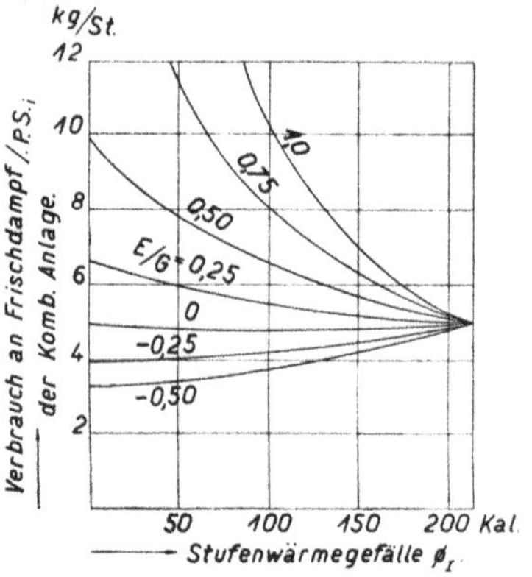

Fig. 51.

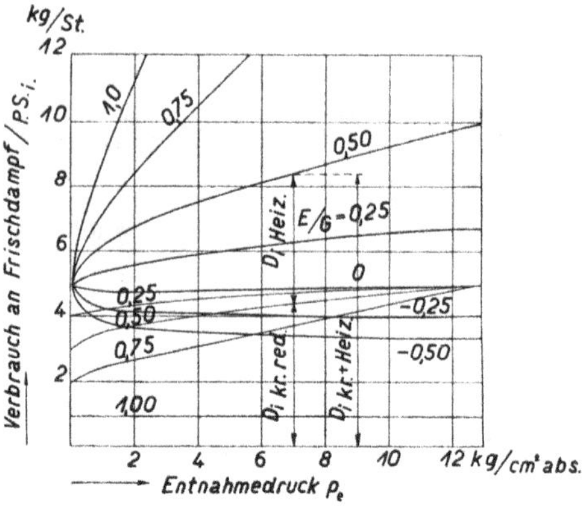

Fig. 52.

——— Kombinierte Anlage.
——— Anteil der zur Krafterzeugung nötigen Dampfmenge.

Die Betrachtungen über den Dampfverbrauch pro PS_i/Std. abhängig von Φ_I und p_e werden durch die Figuren 51 und 52 ergänzt, die wieder mit Verwendung von Fig. 4 und 6 aus Fig. 50 abgeleitet sind und einer näheren Erläuterung nicht bedürfen. Die Kurven mit negativen Werten von E/G haben wieder Bezug auf die Zweidruckturbine; die Darstellungen gelten allgemein und umfassen alle Grenzfälle.

2. Wärmeverbrauch.

Wie wir wissen, bildet der Dampfverbrauch allein kein richtiges Kriterium zur Beurteilung der Wirtschaftlichkeit; es ist vielmehr der Wärmeverbrauch, der diese richtig beleuchtet.

Betrachten wir nur die mit dem Kesseldampf der Turbine zugeführte Wärme, so ist diese offenbar für die kombinierte Kraftheizungsanlage direkt proportional dem Verbrauch an Frischdampf. Die Wärmemenge pro Leistungseinheit der kombinierten Anlage läßt sich in zwei Teile zerlegen, in einen Teil, der auf die Heizung und in einen zweiten Teil, der auf die Krafterzeugung entfällt.

$$W_{(K+H)/\text{Std.}} = \frac{632{,}3 \cdot i_1 \cdot N_i}{\left[\mu \cdot \Phi_0 - \left(\frac{E}{G}\right)\Phi_{II}\right] \cdot \eta_i}$$

(Wärmeverbrauch der Kraft-Heizungsanlage)

$$W_{H/\text{Std.}} = E/G \cdot \frac{632{,}3 \cdot i_2 \cdot N_i}{\left[\mu \cdot \Phi_0 - \left(\frac{E}{G}\right) \cdot \Phi_{II}\right] \cdot \eta_i}$$

(Wärmeverbrauch der Heizung allein)

sonach:

$$W_{K/\text{Std.}} = \frac{632{,}3 \cdot N_i}{[\mu\, \Phi_0 - (E/G) \cdot \Phi_{II}]\, \eta_i} \left[i_1 - \left(\frac{E}{G}\right) i_2\right]$$

(Wärmeverbrauch der Krafterzeugung),

wobei

i_1 die Erzeugungswärme für 1 kg Kesseldampf vor der Turbine,

i_2 die Erzeugungswärme für 1 kg Heizdampf an der Entnahmestelle ist.

Aus vorstehenden Gleichungen folgt durch Division mit N_i unmittelbar der Wärmeverbrauch pro Leistungseinheit.

Führen wir Φ_I als Variable ein, so lautet die Gleichung für den Wärmeverbrauch der Krafterzeugung pro PS$_i$/Std.:

$$W_{i\,K/\text{Std.}} = \frac{632{,}3 \cdot i_1}{[\mu\, \Phi_0 - (E/G) \cdot (\mu \cdot \Phi_0 - \Phi_I)]\, \eta_i} \cdot \left[1 - \left(\frac{E}{G}\right)\left(\frac{i_2}{i_1}\right)\right].$$

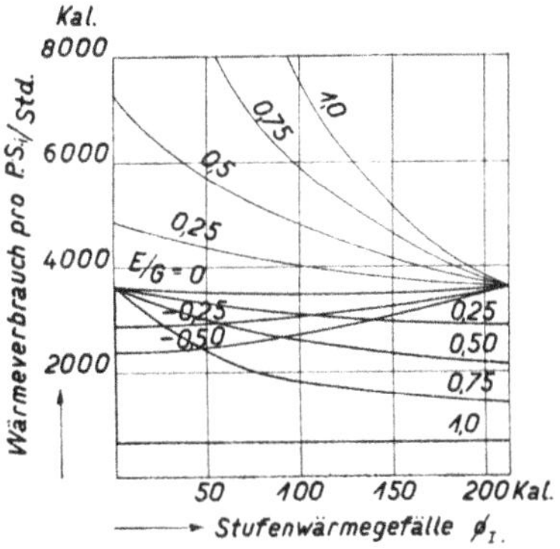

Fig. 53.

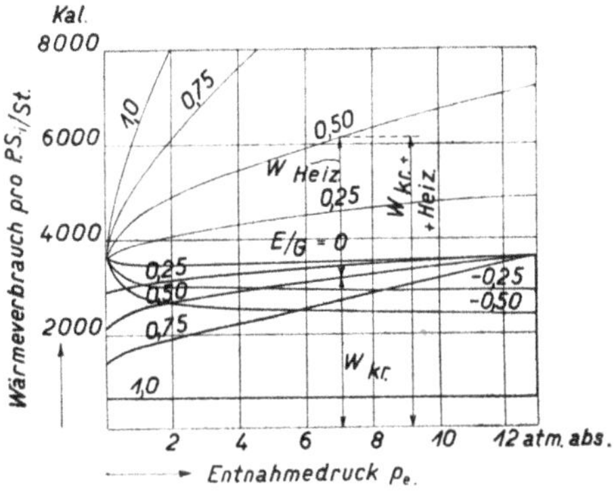

Fig. 54.

——— Kombinierte Anlage.
——— Anteil des Wärmeverbrauchs zur Krafterzeugung.

Wird beispielsweise $E/G = 1$ (Gegendruckturbine), so erhalten wir

$$W_{i\,K/\text{Std.}} = \frac{632{,}3}{\Phi_I \cdot \eta_i} (i_1 - i_2),$$

$$i_1 - i_2 \text{ ist aber } = \eta_i \cdot \Phi_I,$$

also

$$W_{i(K)} = 632{,}3 \text{ Kal., d. h. gleich}$$

dem ideellen Wärmeverbrauch für die PS/Std. Da nun

$$W_{i\,(K+H)} = D_{i\,(H+K)} \cdot i_1,$$

oder allgemein

$$W_i = D_i \cdot i_1, \text{ und } D_i = \frac{W_i}{i_1}$$

so erkennt man, daß die Wärmeverbrauchskurven denselben Verlauf zeigen müssen wie die Dampfverbrauchskurven, nachdem i_1 konstant ist; letzteres hat für unseren speziellen Fall (13 Atm. abs. 300° C) den Wert 728,33 Kal., wie aus dem J—S-Diagramm zu entnehmen ist.

Der Minimalwert des Dampfverbrauches zur Krafterzeugung, der bei der reinen Gegendruckturbine zu erwarten ist, beträgt sonach pro PS/Std.:

$$D_{i\,(K)\,\mathrm{red.}} = \frac{632{,}3}{i_1} \text{ (kg/Std.)},$$

es ist dies der im Verhältnis der Wärmewerte aus dem Wärmeverbrauch gerechnete reduzierte Dampfverbrauch, der einen besseren und richtigeren Maßstab abgibt zur Beurteilung der Ökonomie als der aus Gleichung (6) gerechnete Wert.

Die Darstellungen (Fig. 53, 54) zeigen nach Vorstehendem die Verhältnisse für verschiedene Werte von E/G. Die Ordinaten sind denen in Darstellung Fig. 51, 52 nach den vorausgehenden Gleichungen direkt proportional.

Die Dampfentnahme.

Der Einfluß der Dampfentnahme auf die maßgebenden Größen ist zum Teil schon im Vorausgehenden gekennzeichnet. Wenn man in der Darstellung E als Abszisse wählt, lassen sich einfache lineare Beziehungen zwischen der entnommenen Dampfmenge und den übrigen Variablen erkennen, so daß sich eine Reihe der gewonnenen Diagramme in einfacher Weise aus einer Darstellung ableiten läßt, die nur gerade Linien enthält, was für die praktische Verwertung des Bisherigen eine gewisse Bedeutung hat.

Wir bringen für vorliegenden Zweck die Hauptgleichung in die Form

$$G = \frac{632{,}3 \cdot N_i}{\eta_i \cdot \mu \cdot \Phi_0} + E\,\frac{\Phi_{II}}{\mu \cdot \Phi_0} = C + C_1 \cdot E;$$

die Darstellung dieser Gleichung zeigt die Fig. 55, in der als Einheitsleistung $N_i = 1000$ PS gewählt sind. Wie aus der Gleichung und nachstehender Abbildung zu erkennen ist, stellt der erste Summand horizontale, der zweite geneigte Gerade dar, die durch den Schnittpunkt der Horizontalen mit der Ordinatenachse gehen. Im ersten Summanden kommt der Dampfverbrauch der reinen Kondensationsmaschine, im zweiten der Mehrverbrauch durch die Entnahme zum Ausdruck.

In dem gezeichneten Maßstab hat das Diagramm zunächst nur Gültigkeit für eine Leistung von 1000 PS. Wird aber, innerhalb bestimmter Grenzen, η_i als unabhängig von der Leistung voraus-

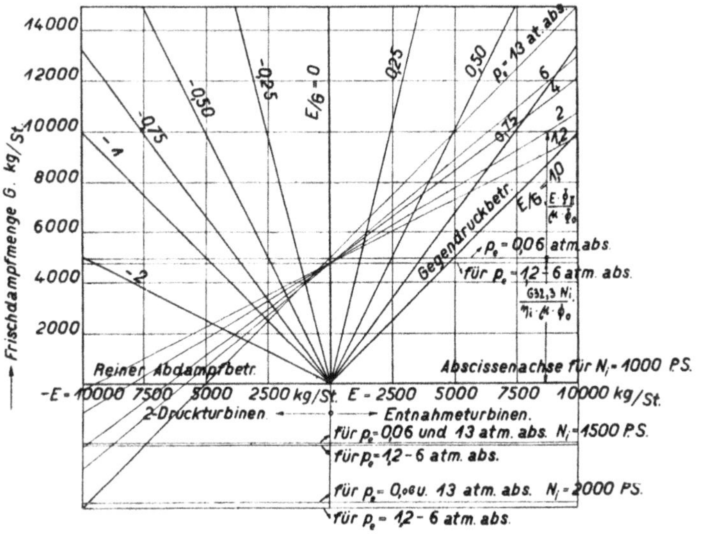

Fig. 55.

gesetzt, so gewinnt das Diagramm allgemeine Bedeutung. Es läßt sich die Umzeichnung für eine beliebige Leistung leicht vornehmen. Nach der letzten Gleichung beeinflußt die Leistung nur den ersten Summanden. Um deshalb einen Überblick über die Verhältnisse bei beliebigen Leistungen zu bekommen, erübrigt es nur, den in der Figur stark ausgezogenen Teil der *E*/*G*- samt den Maßstabslinien für *G* längs der Ordinatenachse zu verschieben. Die p_e-Linien — 1,2 bis 6 Atm. abs. — gehen nahezu durch denselben Punkt der Ordinatenachse, weil μ für diesen Druckbereich praktisch konstant ist. Für die Leistungen 1500 bzw. 2000 PS. ist die neue Lage der Abszissenachse gegenüber den feststehenden p_e-Linien eingezeichnet. Die Abszissenachsen für $p_e = 0{,}06$ bzw. 13 at. abs. haben natürlich keine praktische Bedeutung.

Dieses einfach zu entwerfende Diagramm gibt Aufschluß über eine Menge einschlägiger Fragen und ist auf alle Arten von Turbinen

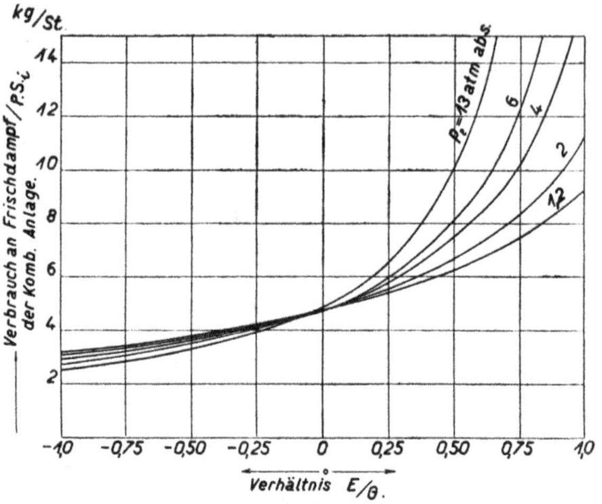

Fig. 56.

anwendbar. Die früheren Darstellungen gehen zum Teil aus ihm hervor, auch Fig. 56 läßt sich daraus ableiten, ohne daß besondere Erläuterungen über die Entstehung nötig wären.

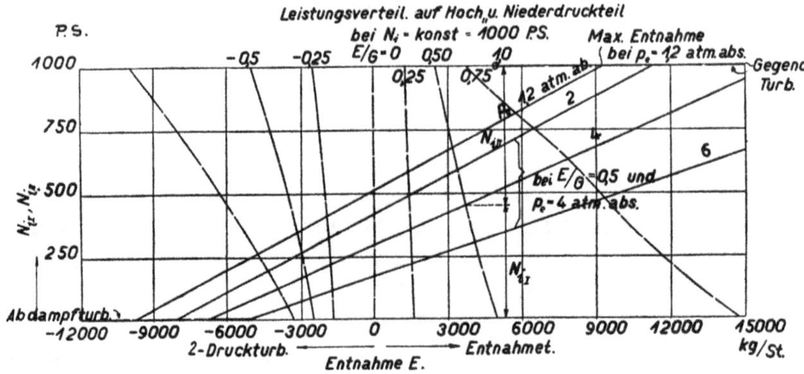

Fig. 57.

Fig. 57, die bei verschiedenen Entnahmemengen und konstanter Gesamtleistung die Leistungsverteilung auf Hoch- und Niederdruckteil zeigt, geht auch aus Fig. 55 hervor. Für den behandelten Fall, daß $N_i = 1000$ PS, gilt

$$1000 = G \cdot \Phi_{\mathrm{I}} \frac{\eta_{i_{\mathrm{I}}}}{632{,}3} + (G - E)\,\Phi_{\mathrm{II}} \frac{\eta_{i_{\mathrm{II}}}}{632{,}3}$$

$$= \quad N_{i_{\mathrm{I}}} + N_{i_{\mathrm{II}}},$$

oder

$$N_{i_I} = G \cdot \Phi_I \cdot \frac{\eta_{i_I}}{632{,}3} = 1000 - (G - E)\,\Phi_{II}\,\frac{\eta_{i_{II}}}{632{,}3}$$

$$= 1000 - \left(\frac{N_{i_I} \cdot 632{,}3}{\eta_{i_I} \cdot \Phi_I} - E\right) \Phi_{II} \cdot \frac{\eta_{i_{II}}}{632{,}3}$$

$$= \frac{N_i + \frac{\eta_{i_{II}} \cdot \Phi_{II}}{632{,}3} \cdot E}{1 + \frac{\eta_{i_{II}} \cdot \Phi_{II}}{\eta_{i_I} \cdot \Phi_I}},$$

d. h. es besteht eine lineare Abhängigkeit zwischen N_{i_I} und E, wenn man für einen bestimmten Entnahmedruck η_{i_I} und $\eta_{i_{II}}$ als konstantbleibend voraussetzt. In einem Koordinatensystem mit E als Abszisse liegen sonach die Werte von N_{i_I} auf Geraden. Zwei Punkte für diese Geraden lassen sich aus Fig. 55 entnehmen; der eine davon ergibt sich, wenn

$$N_{i_I} = N_i$$

wird, was bei $p_e = 1{,}2$ Atm. abs. z. B. dem Fall der Gegendruckturbine mit $E = 9500$ kg/Std. entspricht, der andere, wenn $N_{i_I} = 0$ ist, d. h. wenn wir reinen Abdampfbetrieb mit — $E = 9700$ kg/Std. bei $p_e = 1{,}2$ Atm. abs. haben. In gleicher Weise ergeben sich die Geraden für andere Entnahmedrucke. Das Entstehen der E/G-Linien in der gleichen Figur läßt der Vergleich mit Fig. 55 ohne weiteres erkennen.

Die Betrachtungen können in mancher Hinsicht noch erweitert werden, es gibt hierzu die entsprechend umgeformte Hauptgleichung die Mittel an die Hand.

Ergänzungen:

Ein Teil der bisherigen Erörterungen beschränkte sich auf den Fall $E/G = 0$, d. h. auf reine Kondensationsturbinen mit verschiedener Aufteilung des gesamten adiabatischen Gefälles auf die Einzelstufen. Daß die Folgerungen bezüglich Wirkungsgrad, günstigster Umfangsgeschwindigkeit, ob zwei- oder dreistufige Turbinen angezeigt sind, usw., auch für die eigentliche Entnahmeturbine mit Werten von $E/G > 0$ zutreffen, bedarf noch des Nachweises. Um diesen zu erbringen, suchen wir eine Darstellung für den Wirkungsgrad der Kraftheizungsanlage.

Die gesamte zugeführte Wärme ist

$$G \cdot i_1,$$

die nutzbar gemachte Wärme

$$G \cdot \eta_I \cdot \Phi_I + (G - E)\,\eta_{II} \cdot \Phi_{II} + E \cdot i_2$$
$$= G \cdot \eta_I \cdot \Phi_I + (G - E)\,\eta_{II} \cdot \Phi_{II} + E\,i_1 - E\,\eta_I \cdot \Phi_I$$

nachdem

$$i_2 = i_1 - \eta_I \cdot \Phi_I$$

wie aus Fig. 3 erkenntlich. Der Quotient aus der nutzbar gemachten und der gesamten zugeführten Wärme stellt den Wirkungsgrad des Umwandlungsapparates dar; er ist

$$\eta_{total} = \left\{ \left[\eta_I \frac{\Phi_I}{i_1} + \eta_{II} \frac{\Phi_{II}}{i_1} \right] \left[1 - \left(\frac{E}{G} \right) \right] \right\} + \left(\frac{E}{G} \right)$$

oder

$$\eta_{tot} = \eta_{turb} \cdot \frac{\Phi_0}{i_1} \left[1 - \left(\frac{E}{G} \right) \right] + \left(\frac{E}{G} \right) \quad \text{(Fig. 58)},$$

wobei η_{turb} die von früher her bekannte Bedeutung hat, also den Wirkungsgrad der Energieumsetzung in der Turbine bedeutet für den Fall, daß $E/G = 0$ ist. Es wird sonach bei gegebenen Werten von E/G, wie aus dem Aufbau der Gleichung für η_{tot} hervorgeht, der Wirkungsgrad des Umwandlungsapparates dann ein Maximm, wenn der Wert von η_{turb} ein Maximum wird. Die Bedingungen, die zu $\eta_{turb\,max}$ führen, sind aber ausführlich erörtert worden, so daß insbesondere die in Fig. 10 u. 11 zur Darstellung gebrachten Werte für die günstigsten Umfangsgeschwindigkeiten auch für $E/G > 0$ Geltung besitzen.

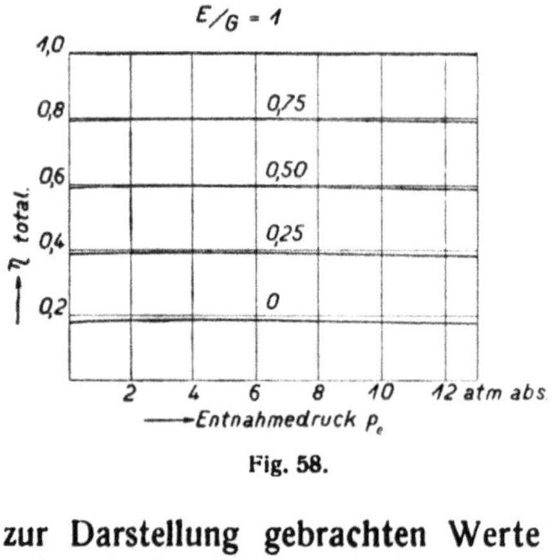

Fig. 58.

Bei der Ableitung der Gleichung für η_{tot} ist die stillschweigende Voraussetzung gemacht, daß die Verwertung der Heizungswärme mit dem Wirkunsgrad 1 erfolgt und das Temperaturniveau, bis zu welchem die Ausnutzung erfolgt, 0° C sei.

Ist die Entnahme 0, so wird der Ausdruck für η_{tot}:

$$\eta_{tot} = \eta_{turb} \frac{\Phi_0}{i_1},$$

also ein Maximum, wenn η_{turb} ein solches ist. η_{turb} ist das Verhältnis der in der Turbine umgesetzten zu der in ihr umsetzbaren Energie. Stellen wir für die Entnahmeturbine einen Wirkungsgrad auf, der analoge Bedeutung hat, so ergibt sich dieser wie folgt:

Umsetzbar an Wärme sind in der Turbine $G \cdot \Phi_0$ Kal., im Hochdruckteil werden in Arbeit umgesetzt $G \cdot \eta_I \cdot \Phi_I$ Kal., im Niederdruckteil $(G—E)\,\eta_{II} \cdot \Phi_{II}$ Kal., während E kg/Std. Dampf das in der Turbine zur Verfügung stehende Wärmegefälle Φ_{II} mit dem Wirkungsgrad 1 ausnützen. Es ergibt sich damit ein Wirkungsgrad, der dem η_{turb} der reinen Kondensationsturbine entspricht und den wir analog mit $\eta_{turb\,E}$ bezeichnen wollen.

$$\eta_{turb\,E} = \eta_I \frac{\Phi_I}{\Phi_0} + \eta_{II}\,(1 - E/G)\,\frac{\Phi_{II}}{\Phi_0} + E/G\,\frac{\Phi_{II}}{\Phi_0}$$

$$= \eta_{turb} + (E/G)\left(\frac{\Phi_{II}}{\Phi_0}\right)(1 - \eta_{II}),$$

wenn η_{turb} wieder der Wirkungsgrad der Turbine ohne Entnahme

$$= \eta_I \frac{\Phi_I}{\Phi_0} + \eta_{II} \frac{\Phi_{II}}{\Phi_0}$$

ist.

Naturgemäß ist der so definierte Wirkungsgrad $\eta_{turb\,E}$ um so größer, je größer die Entnahme und je höher der Entnahmedruck; seinen Verlauf für den Fall, daß:

$$\eta_I = \eta_{II} = 0{,}5805 \text{ z. B.}$$

zeigt Fig. 59.

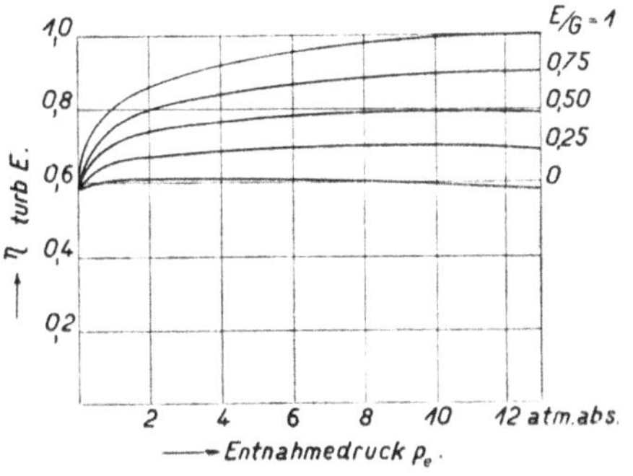

Fig. 59.

Im Gegensatz zur reinen Kondensationsturbine, bei der die Größe des Wertes von η_{tot} direkt proportional ist der Größe von η_{turb}, ist dies bei der Entnahmeturbine bezüglich der Werte von η_{tot} und $\eta_{turb\,E}$ nicht der Fall, denn η_{tot} ergibt sich nach einigen Rechenoperationen zu

$$\eta_{tot} = \eta_{turb\,E} \frac{\Phi_0}{i_1} + \left(\frac{E}{G}\right)\left(1 - \frac{\eta_I \cdot \Phi_I + \Phi_{II}}{i_1}\right).$$

η_{tot} **nimmt, wie wir bereits wissen, in dem Maße zu, in dem** $\eta_{turb\,E}$ **zunimmt, aber nicht proportional** $\eta_{turb\,E}$; $\eta_{turb\,E}$ **gibt sonach nicht das richtige Kriterium ab für die Beurteilung der Ausnutzung der zugeführten Energie, sondern dieses Kriterium ist bei Entnahmeturbinen** η_{tot}.

Da η_{turb} bei der reinen Kondensationsturbine proportional η_{tot} war, so brauchten wir dort auf die Größe von η_{tot}, als dem Maß für die Güte der Energieumsetzung, nicht eingehen, anders bei der Entnahmeturbine, bei der wir zu η_{tot} als einzig richtigem Maßstab zurückgreifen müssen.

Ist η_{tot} nahezu unabhängig vom Entnahmedruck und in der Hauptsache nur beeinflußt von E/G (Fig. 58), so ist dies anders bei dem Wirkungsgrad der Krafterzeugung, dessen Bedeutung dann in den Vordergrund tritt, wenn es sich um einen Vergleich der Kraft-

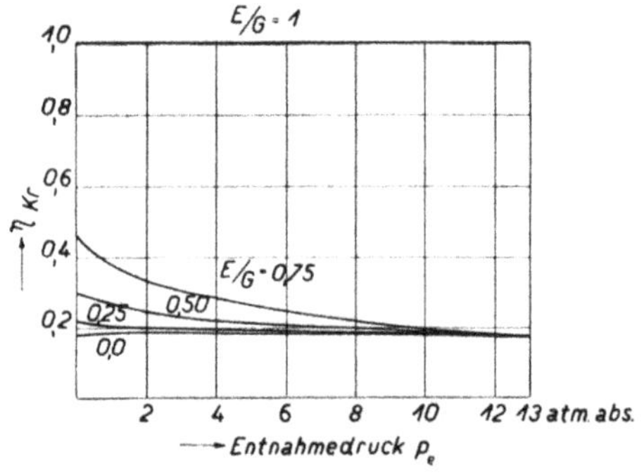

Fig. 60.

heizungsanlage und der Anlage mit getrennter Erzeugung von mechanischer Energie bzw. Heizdampf handelt. Dieser Wirkungsgrad hängt nach dem Verlauf der Wärme-Verbrauchs-Kurven (Fig. 54) in starkem Maße von E/G und vom Entnahmedruck ab (Fig. 60),

$$\text{da } \eta_{kr.} = \frac{632{,}3}{W_{kr.\,\text{pro PS/Std.}}}.$$

$\eta_{kr.}$ wird im Maximum bei der Gegendruckturbine $= 1$, während es bei der normalen Kondensationsturbine $\sim 18\%$ beträgt.

Dieser Wirkungsgrad ist derjenige, welcher den Vorteil der Kombination von Kraft- und Heizungsanlage in die Erscheinung treten läßt. Je mehr Dampf von niedrigem Druck wir für Heizzwecke brauchen, desto größer ist der Energiegewinn der kombinierten Anlage gegenüber der mit getrennter Erzeugungsweise. (Fig. 60.)

Abschnitt II.

Die Entnahmeturbine unter verschiedenen Betriebsbedingungen.

A) Betrieb mit automatischem Niederdruck-Regulierventil.

a) Drosselregelung im Hochdruck- und Niederdruckteil der Turbine.

Wird an eine Entnahmeturbine die Forderung gestellt, daß sie die volle Leistung ergibt bei allen Betriebsarten, die zwischen dem reinen Kondensationsbetrieb, bei dem $E = 0$ ist, und dem reinen Gegendruckbetrieb liegen, bei dem die ganze zugeführte Dampfmenge mit dem Heizungsdruck entnommen wird, so hat, wie wir in der Folge sehen werden, die Dimensionierung der Schauflung mit Rücksicht auf einen wirtschaftlich einwandfreien und praktisch einfachen Betrieb in der Weise zu erfolgen, daß sowohl den Hochdruckteil als auch den Niederdruckteil der Turbine die größten ihnen unter den verschiedenen Betriebsmöglichkeiten zukommenden Dampfmengen ohne Drosselung vor dem zugehörigen ersten Leitrad durchströmen können.

Die Betriebsart, bei der der Gesamtdampfverbrauch einen Höchstwert erreicht, ist der reine Gegendruckbetrieb; die für diesen sich ergebende Dampfmenge durchströmt nur den Hochdruckteil und wird nach diesem der Turbine vollständig entnommen, so daß durch den Niederdruckteil theoretisch die Dampfmenge 0 geht. Man wird deshalb den Hochdruckteil für diese größte Dampfmenge bemessen, wobei dessen Dimensionierung so erfolgt, daß der Druck v o r dem Hochdruck- bzw. Hauptregulierventil gleich dem Druck n a c h demselben ist.

Wie in der Folge gezeigt wird, ist die bei reinem Kondensationsbetrieb ohne Entnahme nötige Dampfmenge zugleich die maximale, die der Niederdruckteil bei allen zwischenliegenden Betriebsarten aufnimmt. Für letztere wird die Dampfaufnahme der Turbine, die identisch ist mit der Dampfaufnahme des Hochdruckteiles, zwischen den Dampfmengen liegen, die den Grenzfällen, also reinem Gegendruck- bzw. reinem Kondensationsbetrieb entsprechen. Sonach wird

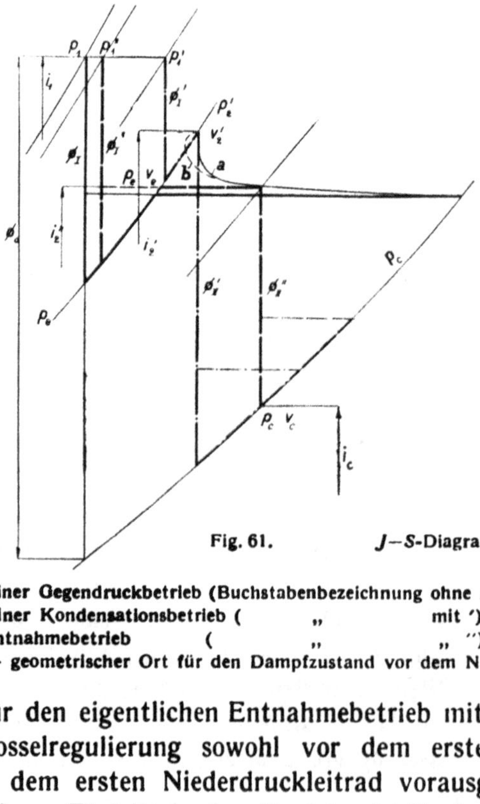

Fig. 61. $J-S$-Diagramm.

——— reiner Gegendruckbetrieb (Buchstabenbezeichnung ohne Apostroph).
—·—·— reiner Kondensationsbetrieb („ mit ').
– – – – Entnahmebetrieb („ „ '').
Kurve *a* — geometrischer Ort für den Dampfzustand vor dem Niederdruckteil.

theoretisch für den eigentlichen Entnahmebetrieb mit $E/G > 0 < 1$, nachdem Drosselregulierung sowohl vor dem ersten Hochdruck- als auch vor dem ersten Niederdruckleitrad vorausgesetzt ist, der Dampf bei seinem Eintritt in den Hochdruckteil wie in den Niederdruckteil der Turbine eine Drosselung erfahren; die Kurve, auf der diese im Hochdruckteil erfolgt, ist bekanntlich $i_1 =$ konst., wobei unter i_1 die Erzeugungswärme des Dampfes in seinem Zustand vor der Turbine verstanden ist. (Fig. 61.)

Die Leistung des Hochdruckteiles ist

$$N_{u\,\mathrm{I}}'' = \frac{G''}{632{,}3} \cdot \Phi_{\mathrm{I}}''\, \eta_{u_{\mathrm{I}}}'',$$

wenn G'' die gesamte der Turbine zufließende Dampfmenge ist. Ist die bei Gegendruckbetrieb von der Turbine verarbeitete Dampfmenge G, dann ist, wie erfahrungs- und rechnungsgemäß feststeht:

$$G'' = G \frac{p_1''}{p_1} \quad \text{(Fig. 61)}.$$

wenn p_1'' bei Betrieb mit Dampfentnahme der Druck vor dem ersten Hochdruckleitrad ist. Die Gleichung in allgemeinerer Fassung besagt, daß die durch Hoch- bzw. Niederdruckteil gehenden Dampfmengen direkt proportional sind dem vor dem zugehörigen ersten Leitrad herrschenden Druck. Die Gleichung besitzt strenge Gültigkeit für den Hochdruckteil, wenn die Regulierung eine Zustandsänderung des in die Turbine tretenden Dampfes auf der Kurve $p_1 \cdot v_1 = \text{konst.}$ (bei überhitztem bzw. trocken gesättigtem Dampf identisch mit $i_1 = \text{konst.}$) bewirkt. Für den Niederdruckteil der Turbine ist, wie die Betrachtung der Fig. 61 zeigt, vorstehende Bedingung hinsichtlich der Zustandsänderung auf einer Drosselkurve nicht erfüllt, und es hat deshalb für diesen das durch vorstehende Gleichung ausgesprochene Proportionalitätsgesetz nur näherungsweise Gültigkeit. (Über die Abweichungen siehe Dr. Loschge, Zeitschr. f. d. ges. Turb. 1911, S. 194 u. f.)

Fig. 61 und die Gleichung für N_{u_I}'' lassen erkennen, daß die Hochdruckleistung um so mehr abnimmt, je kleiner die Entnahme wird, da sowohl die Größe G'' als auch das adiabatische Gefälle Φ_I'' kleiner werden; beide erreichen gleichzeitig bei reinem Kondensationsbetrieb ihr Minimum. Aus demselben Grunde steigt bei konstant vorausgesetzter Gesamtleistung die Niederdruckleistung; sie erreicht bei reinem Kondensationsbetrieb ihren Höchstwert.

Den Verlauf der Zustandsänderung des Dampfes beim Durchströmen der Turbine läßt für drei Fälle, die besonders gekennzeichnet sind, die Fig. 61 erkennen. Im allgemeinen Fall der Dampfentnahme erfährt der Dampf sowohl beim Eintritt in den Hochdruckteil als auch beim Eintritt in den Niederdruckteil der Turbine eine Drosselung. Daß diese im Hochdruckteil der Turbine auftreten muß, folgt klar aus dem Vorstehenden, für den Niederdruckteil tritt die Drosselung notwendig dann auf, wenn die Dampfmenge, die beim Kondensationsbetrieb ($E = 0$) den Niederdruckteil der Turbine passiert, das Maximum darstellt, das durch die Niederdruckstufen überhaupt geht; daß dies der Fall ist, werden die nachstehenden Erörterungen zeigen.

Die Größe der Niederdruckleistung ist:

$$N_{u_{II}}'' = \frac{(G'' - E)}{632{,}3} \cdot \Phi_{II}'' \cdot \eta_{u_{II}}'';$$

daraus die durch den Niederdruckteil der Turbine strömende Dampfmenge

$$G'' - E = \frac{632{,}3 \cdot N_{e\,II}''}{\Phi_{II}'' \cdot \eta_{e\,II}''}.$$

Sie wird ein Maximum, wenn $\frac{N_{e\,II}''}{\Phi_{II}''}$ einen Höchstwert erreicht, vorausgesetzt, daß $\eta_{e\,II}''$ selbst von der Leistung unabhängig ist, was praktisch innerhalb weiter Grenzen tatsächlich zutrifft. (Siehe Dr. Loschge a. a. O. bzw. Dr. Bär, Forschungsarbeiten des V. d. I., Heft 86.)

Die Bemessung der Niederdruckschaufelung für die größte ihr zukommende Dampfmenge ist nötig, denn, angenommen, die Dimensionierung wäre für eine kleinere Dampfmenge erfolgt, als diesem gesuchten Maximum entspricht, so würde dieser Dampfmenge bei ganz geöffnetem Niederdruck-Regulierventil eine bestimmte Entnahme E entsprechen und, wenn p_e als unveränderlich vorausgesetzt wird, eine durch den Niederdruckteil gehende Dampfmenge und eine Niederdruckleistung, die beide von einer kleiner werdenden Entnahme unabhängig sind. Nachdem

$$G'' = E + G_{II}''$$

oder

$$E = G'' - G_{II}''$$

ist, wobei G_{II}'' die konstante durch den Niederdruckteil gehende Dampfmenge bedeutet, so folgt, wenn die Entnahme sinkt, daß damit G'' kleiner wird, was ein Zurückgehen der Hochdruckleistung zur Folge hat; es läßt sich also die normale Belastung nicht halten, wenn an der Voraussetzung konstanten Druckes vor dem Niederdruckteil festgehalten werden soll, es wird vielmehr ein Stauen des Dampfes dort stattfinden, d. h. es wird eine größere Dampfmenge bei höherem als dem gewünschten Druck durch den Niederdruckteil hindurchgehen müssen, wenn sich die Leistung nicht ändern soll. Soll in der Heizleitung das Auftreten dieses höheren Druckes vermieden werden, so muß zwischen Anzapfstelle und Heizleitung noch ein Drosselorgan eingeschaltet sein, das unter der Kontrolle des Wärters steht. Im Interesse der Einfachheit des Betriebes wird man dieses Organ vermeiden, und man kann es, wenn man eben die Niederdruckschaufelung so bemißt, daß die größte vorkommende Dampfmenge sie gerade noch ohne Drosselung passiert. Die Schaufelung zu reichlich zu bemessen ist selbstverständlich nicht von Vorteil, da dann der Dampf stark gedrosselt werden muß, was wegen der Entropiezunahme mit Energieverlusten verknüpft ist.

Die günstigste Ausführungsform der Turbine hinsichtlich der Bemessung der Schauflung stellt vorbeschriebene nur dann dar, wenn tatsächlich die Dampfentnahme dauernd in so großen Grenzen schwankt, wie sie dem reinen Gegendruck- bzw. dem reinen Kondensationsbetrieb entsprechen. Für zwischenliegende Entnahmemengen erfährt, wie die Fig. 61 erkennen läßt, der Dampf sowohl im Hochdruck- als im Niederdruckteil der Turbine starke Drosselungen. Der mit der Drosselung verbundenen Entropiezunahme entspricht eine nicht unbedeutende Verminderung des nutzbaren adiabatischen Gefälles, eine Erhöhung der mit dem Kühlwasser der Kondensation abgehenden Wärme und damit ein Energieverlust, der sich bei solchen Turbinen, die hinsichtlich Leistung und Entnahme konstantere Verhältnisse zeigen, durch entsprechende Bemessung der Schauflung von Hoch- und Niederdruckteil vermindern läßt. Welchen Einfluß diese Bemessung auf die Ökonomie besitzt, soll aber hier nicht näher untersucht werden.

Wir kommen auf die anfangs gestellte Frage zurück, für den vorausgesetzten Betriebsfall die größte durch den Niederdruckteil gehende Dampfmenge zu bestimmen; wir haben gefunden, daß sie dann zu erwarten ist, wenn $\left(\frac{N_{u_{II}}''}{\Phi_{II}''}\right)$ seinen Höchstwert erreicht. $N_{u_{II}}''$ ist nach Vorausgehendem am größten bei der Entnahme 0; würde gleichzeitig dabei auch Φ_{II}'' am kleinsten sein oder konstant bleiben, dann würde das gesuchte Maximum bei reinem Kondensationsbetrieb auftreten. Nun nimmt aber Φ_{II}'' mitsinkender Entnahme zu und besitzt bei reinem Kondensationsbetrieb seinen größten Wert; es ist sonach zu erwarten, daß $\left(\frac{N_{u}''_{II}}{\Phi_{II}''}\right)$ für den Fall einer zwischen liegenden Dampfentnahme ($E/G > 0 < 1$) ein Maximum erreicht.

Der Beweis dafür, daß die größte durch den Niederdruckteil gehende Dampfmenge trotzdem der bei reinem Kondensationsbetrieb nötigen entspricht, läßt sich aber erbringen. Nimmt man an, daß der Niederdruckteil für die bei reinem Kondensationsbetrieb ($E = 0$) nötige Dampfmenge G' bemessen wird, dann ist die Niederdruckleistung für den allgemeinen Fall, in dem E größer als 0 ist:

$$N_{u_{II}}'' = \frac{(G'' - E)}{632{,}3} \cdot \Phi_{II}'' \cdot \eta_{u_{II}}'' \quad \text{oder da} \quad G'' - E \cong G' \frac{p_2''}{p_e} \quad \text{ist,}$$

$$N_{u_{II}}'' \cong \frac{G' \cdot \eta_{u_{II}}''}{p_e \cdot 632{,}3} \cdot p_2'' \cdot \Phi_{II}'' \cong \text{konst.} \cdot p_2'' \cdot \Phi_{II}'' \quad . \quad . \quad (1)$$

p_2'', der Druck vor der Niederdruckschauflung, soll nach Voraussetzung p_e nicht übersteigen, ist also im Maximum $= p_e$. Die Darstellung im J—S-Diagramm (Fig. 61) zeigt, daß, wenn $p_2'' = p_e$ ist, Φ_{II}'' einen Höchstwert erreicht, daß also im Falle der ungedrosselten Dampfströmung durch den Niederdruckteil das Produkt $p_2'' \cdot \Phi_{II}''$ ein Maximum wird. Ist in diesem Fall der Niederdruckteil für die Kondensationsdampfmenge bemessen, dann kommt mit dieser die zugehörige Niederdruckleistung zustande; da für alle anderen Betriebsarten die Niederdruckleistung kleiner als vorgenannte ist, so muß für diese Fälle nach Gleichung (1) das Produkt $p_2'' \cdot \Phi_{II}''$ kleiner werden als das zur vorgenannten Leistung gehörige, bei der $E = 0$ ist.

Wie nun im folgenden gezeigt wird, ist Φ_{II}'' eine Funktion von p_2''; mit Berücksichtigung der Fig. 61 und den nachstehenden Erörterungen ist:

$$\Phi_{II}'' = \frac{A \cdot K}{K-1} \cdot p_e \cdot v_e \left[1 - \left(\frac{p_c}{p_2''}\right)^{\frac{K-1}{K}}\right] \quad . \quad . \quad . \quad (2)$$

also

$$\Phi_{II}'' \cdot p_2'' = \frac{A \cdot K}{K-1} \cdot p_e v_e \left[p_2'' - p_c^{\frac{K \quad 1}{K}} \cdot p_2''^{\frac{1}{K}}\right].$$

Sieht man von der Veränderlichkeit des Wertes v_e ab, die für den in Betracht kommenden Bereich in engen Grenzen liegt, so erkenntm an aus dem Bau der Funktion, daß für die im Verhältnis zu p_2'' immer kleinen Werte von p_c der Wert des Produktes nur kleiner wird, wenn p_2'' kleiner wird, d. h. aber, die durch den Niederdruckteil gehende Dampfmenge ist für alle Zwischenfälle kleiner als die bei reinem Kondensationsbetrieb nötige.

Die Gleichung (2) resultiert aus der folgenden Betrachtung. Setzen wir die Zustandsänderungen des Dampfes als vollkommen im Überhitzungsgebiet sich vollziehend voraus, so gilt nach den Gesetzen der Thermodynamik für die Erzeugungswärme i_1 allgemein

$$i_1 = U_0 + \frac{K}{K-1} \cdot A \cdot p_1 \cdot v_1$$ (Weihrauch, Grundriß der Wärmetheorie 1907, Bd. II), oder angewandt auf Fig. 61

$$i_2'' - i_e = \frac{K}{K-1} \cdot A\,(p_2'' v_2'' - p_c \cdot v_c).$$

Da für die Drosselkurve

$$p_e \cdot v_e = p_2'' \cdot v_2''$$

ist, so geht vorstehende Gleichung über in

$$i_2'' - i_e = \frac{K}{K-1} \cdot A\,(p_e \cdot v_e - p_c \cdot v_c)$$

und da

$$p_2'' \cdot v_2''^K = p_c \cdot v_c^K,$$

so wird

$$i_2'' - i_e = \frac{A \cdot K}{K-1} \left[p_e \cdot v_e - p_c \cdot v_2'' \left(\frac{p_2''}{p_c} \right)^{1/K} \right]$$

oder

$$\Phi_{11}'' = \frac{A \cdot K}{K-1} \left[p_e \cdot v_e - p_c \frac{p_e \cdot v_e}{p_2''} \cdot \left(\frac{p_2''}{p_c} \right)^{1/K} \right]$$

$$= \frac{A \cdot K}{K-1} \cdot p_e \cdot v_e \left[1 - \left(\frac{p_c}{p_2''} \right)^{\frac{K-1}{K}} \right],$$

wobei K das Verhältnis der spezifischen Wärmen $\left(K = \frac{c_p}{c_v}\right)$ bedeutet. Geht die Zustandsänderung nicht in ihrem ganzen Verlauf im Überhitzungsgebiet vor sich, sondern verläuft sie teils über, teils unter der Grenzlinie $x = 1$, so wird die allgemeine Beweisführung in Buchstabengrößen sehr umständlich und es soll deshalb in der Folge an ihrer Stelle eine graphische Interpretation treten. Eine solche, die mit Hilfe des J—S-Diagrammes an Hand eines Zahlenbeispieles geführt werden soll, deckt sich mit der Frage nach dem Aussehen der Zustandsänderung im J—S-Diagramm für verschiedene der Turbine zugeführte Dampfmengen bei konstant gehaltener Leistung.

Die Betrachtung der Darstellung (Fig. 61) zeigt in der Linie a, auf deren Entstehen in der Folge noch eingegangen wird, das Aussehen des geometrischen Ortes für den Dampfzustand vor dem ersten Niederdruckleitrad bei wechselnder Entnahme und konstanter Gesamtleistung. Wäre für den Fall einer Entnahme größer als 0 die durch den Niederdruckteil gehende Dampfmenge größer als für den Fall $E = 0$, so müßte, wenn die Bemessung der Niederdruck-Schaufelquerschnitte nach der für reinen Kondensationsbetrieb ($E = 0$) nötigen Dampfmenge erfolgt ist, die Zustandsänderung einen der punktiert eingezeichneten Linie b ähnlichen Verlauf zeigen, denn jener größeren Dampfmenge müßte ein Druck vor dem Niederdruckteil der Turbine größer als p_e entsprechen. Fig. 62 zeigt den Verlauf der Zustandsänderung, wie er zahlenmäßig mit Hilfe des J—S-Diagrammes für das im folgenden behandelte Rechenbeispiel gefunden wurde; die Darstellung läßt erkennen, daß ein Überschneiden der Isobare p_e durch die Linie a nicht erfolgt, womit der Beweis erbracht ist, daß die bei reinem Kondensationsbetrieb mit $E = 0$ durch den Niederdruckteil der Turbine gehende Dampfmenge die größte bei allen Betriebsarten vorkommende ist.

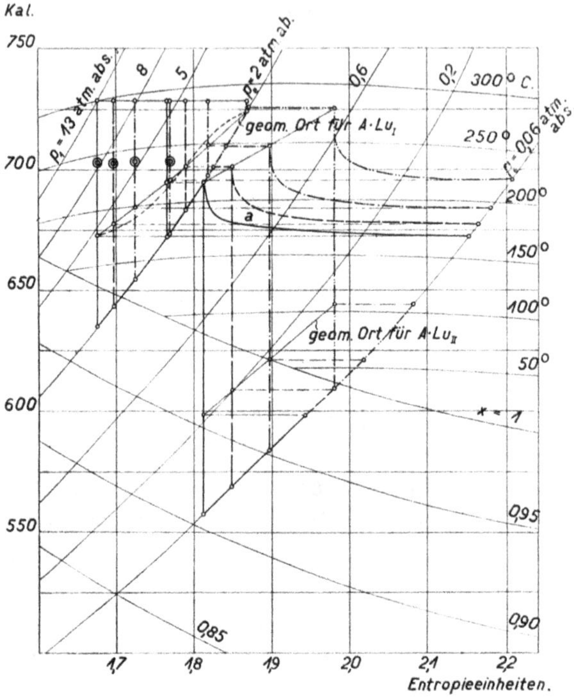

J-S-Diagramm.

Fig. 62.

——— 1/1 Last = 1000 PS_u.
– – – – 3/4 „ = 750 „
—·—·— 1/2 „ = 500 „
—··—··— 1/4 „ = 250 „

—o— Reiner Gegendruckbetrieb.
——— Reiner Kondensationsbetrieb.

Die Dimensionierung des Hochdruckteiles erfolgt, wie bereits angedeutet, nach der Dampfmenge, die der reine Gegendruckbetrieb verlangt, die Bemessung des Niederdruckteiles nach der Dampfmenge, die der reine Kondensationsbetrieb ($E = 0$) erfordert.

Erstgenannte Dampfmenge folgt aus

$$632{,}3 \cdot N_u = G \cdot \Phi_{\mathrm{I}} \cdot \eta_{u_{\mathrm{I}}},$$

die Kondensationsdampfmenge aus

$$632{,}3 \cdot N_u = G' \cdot \Phi_{\mathrm{I}}' \cdot \eta_{u_{\mathrm{I}}}' + G' \, \Phi_{\mathrm{II}}' \cdot \eta_{u_{\mathrm{II}}}' \quad . \quad . \quad . \quad . \quad (3)$$

In der ersten Gleichung ist alles bekannt, G also berechenbar. Nicht so einfach ist die Berechnung von G', da zunächst Φ_{I}' nicht bekannt ist.

$$G' \cong G \cdot \frac{p_1'}{p_1} \quad \ldots\ldots\ldots \quad (4)$$

in Gleichung (3) eingesetzt, ergibt den Wert, den das Produkt $p_1' \Phi_I'$ besitzen muß, wenn die Turbine als reine Kondensationsturbine ($E = 0$) läuft. Graphisch läßt sich nach Fig. 61 mit Hilfe des J—S-Diagrammes, wie aus dem folgenden Zahlenbeispiel hervorgeht, der zum Wert dieses Produktes nötige Druck p_1' auf der Drosselkurve $i_1 = $ konst. bestimmen, wenn man annimmt, daß der Wert von Φ_{II}' wegen der Divergenz der Adiabaten aus:

$$\Phi_I' + \Phi_{II}' = \mu \cdot \Phi_0$$

bekannt ist;

$$\mu \cong 1{,}03 - 1{,}08,$$

wobei der kleinere Wert von μ für niedrige und hohe, der große für mittlere Entnahmedrücke Geltung besitzt, wie aus einer Betrachtung der Vorgänge im J—S-Diagramm folgt. Mit p_1' ist nach Gleichung (4)

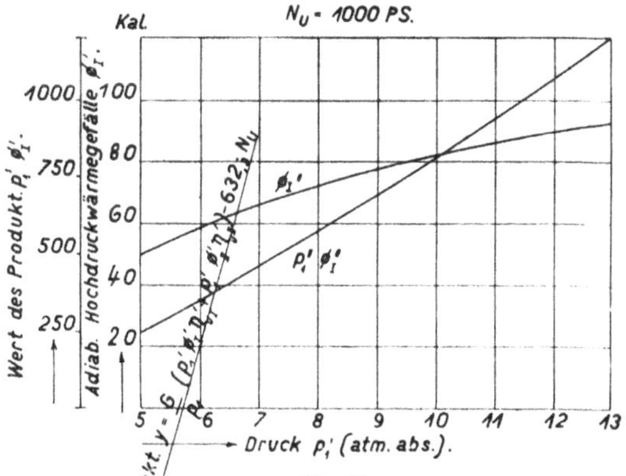

Fig. 63.

auch die gesuchte Dampfmenge G' bekannt und damit der Verlauf der Zustandsänderung, wenn von der Berücksichtigung verschiedener Nebenumstände (Undichtheit, Dampfreibung usw.) abgesehen wird. Die Grenzen der Entnahme liegen zwischen 0 und G; um für zwischenliegende Werte von E die Zustandsänderung zu finden, zeichnet man sich Hilfskurven, die sich, wie in der Folge gezeigt wird, in einfacher Weise ergeben.

Der Rechnungsweg ist der folgende. Man wählt auf der Drosselkurve $i_1 = $ konst. Werte für p_1'', die zwischen p_1 und p_1' liegen, dann sind die zugehörigen, der Turbine zufließenden Dampfmengen nach der Beziehung $G'' = \text{konst} \cdot p_1''$ bekannt und damit die Leistungen der Hochdruckstufe, desgleichen die der Niederdruckstufe, da die Gesamtleistung nach Voraussetzung konstant bleiben soll. Die Niederdruckleistung ist

$$N_{u_{II}}'' = (G'' - E) \cdot \Phi_{II}'' \cdot \eta_{u_{II}}''/632{,}3$$

$(G'' - E)$, ist aber analog Gleichung (4) ausdrückbar durch G', denn

$$G'' - E \cong G' \frac{p_2''}{p_e},$$

sonach $N_{u_{II}}''$ aus

$$G' \frac{p_2''}{p_e} \cdot \Phi_{II}'' \cdot \eta_{u_{II}}'' \cong 632{,}3 \cdot N_{u_{II}}''.$$

Die Beziehung, die vorstehende Gleichung zum Ausdruck bringt, gilt für den Niederdruckteil der Turbine nur angenähert, denn die Regulierung erfolgt nicht auf einer Kurve $p \cdot v =$ konst., wie dies beim Hochdruckteil der Fall ist; man muß vielmehr zur genaueren Rechnung auf die Zeunerschen Gleichungen zurückgehen in ihrer für Turbinen modifizierten Form:

$$G' = \text{konst} \cdot \frac{p_e}{\sqrt{p_e \cdot v_2'}} \text{ (Fig. 61) (s. Dr. Loschge, Z. f. d. g. T. 1911, S. 194 u. f.)}$$

$$(G'' - E) = \text{konst} \cdot \frac{p_2''}{\sqrt{p_2'' \cdot v_2''}},$$

oder

$$(G'' - E) = G' \frac{p_2''}{p_e} \frac{\sqrt{p_e \cdot v_2'}}{\sqrt{p_2'' \cdot v_2''}},$$

sonach

$$N_{u_{II}}'' = G' \frac{p_2''}{p_e} \cdot \sqrt{\frac{p_e \cdot v_2'}{p_2'' \cdot v_2''}} \cdot \frac{\Phi_{II}'' \cdot \eta_u}{632{,}3}.$$

Der Wert des Ausdruckes

$$\frac{p_2''}{\sqrt{p_2'' \cdot v_2''}} \cdot \Phi_{II}''$$

ist nach vorstehender Gleichung bekannt; im Überhitzungsgebiet, in dem die Zustandsänderung wohl durchwegs verläuft, ist

$$p_2'' \cdot v_2'' = p_e \cdot v_e \text{ (Fig. 61)},$$

somit aus $p_2'' \Phi_{II}''$ der Wert von p_2'' durch graphische Interpolation zu bestimmen, wie früher der Wert von p_1'' aus $p_1'' \Phi_I''$. Die genauere Rechnung nach Vorstehendem macht prinzipiell keine Schwierigkeiten. Die Abweichungen der Werte $\sqrt{p_e v_2'}$ bzw. $\sqrt{p_2'' v_2''}$ voneinander auf der Kurve a sind nicht sehr groß (Über die Abweichungen auf $x = 1$ siehe Dr. Loschge Zeitschr. f. d. ges. Turb. 1911, S. 194 u. f.), so daß in der Folge die Näherungsrechnung beibehalten wurde.

Wie vorher $p_1'' \Phi''$ ist jetzt die Größe $p_2'' \Phi_{II}''$ aus:

$$N_{u_{II}}'' \cong G' \frac{p_2''}{p_e} \cdot \Phi_{II}'' \cdot \eta_{u_{II}}'' \cdot \frac{1}{632,3}$$

bestimmbar, solange der Kondensatordruck als konstant oder nach einem bekannten Gesetz mit der in den Kondensator strömenden Dampfmenge sich ändernd vorausgesetzt wird.

Auf der Drosselkurve i_2'' ist jedem Wert von p_2'' ein bestimmter Wert von Φ_{II}'' zugeordnet, wie die Betrachtung des J—S-Diagrammes lehrt, d. h. p_2'' ist Funktion von Φ_{II}'' und jetzt bekannt, damit G''— E und hieraus folgend die Größe der Entnahme E. Solange die Adiabaten Φ_I, Φ_I', Φ_{II}', Φ_{II}'' usw. ganz im gesättigten oder ganz im überhitzten Gebiet liegen, kann man die Bestimmung des Wertes von p_1' bzw. p_1'' aus dem J—S-Diagramm, wie bereits angedeutet, auch durch Rechnung umgehen. Mit Berücksichtigung der aus Fig. 61 erkenntlichen Bezeichnungen ist nach den Entwicklungen der Thermodynamik für das überhitzte Gebiet

$$\Phi_I' = \frac{A \cdot K}{K-1} \cdot p_1' v_1' \left[1 - \left(\frac{p_2'}{p_1'}\right)^{\frac{K-1}{K}}\right],$$

oder da:

$$p_1' v_1' = p_1 v_1$$

und

$$p_2' = p_e,$$

$$\Phi_I' = A \frac{K}{K-1} \cdot p_1 \cdot v_1 \left[1 - \left(\frac{p_e}{p_1'}\right)^{\frac{K-1}{K}}\right];$$

durch diese Gleichung ist ein funktionaler Zusammenhang zwischen Φ_I' und p_1' festgelegt, so daß man p_1' eindeutig bestimmen kann. Die Bestimmungsgleichung enthält aber p_1' als Exponentialfunktion, so daß sich die Gleichung praktisch doch nur graphisch einfach lösen läßt und deshalb der früher gezeigte Gang an Hand des J—S-Diagrammes rascher zum Ziele führt.

Der weitere Weg, wie man sich ein Bild verschafft über den Zusammenhang der maßgebenden Größen, auch bei Teillasten, wird an Hand des im vorhergehenden schon erwähnten Zahlenbeispiels anzugeben versucht werden.

1. Betrieb bei Vollast.

Die Turbine soll bei allen Betriebsarten eine Grenzleistung von 1000 PS_u entwickeln, wobei als gegeben zu betrachten sind:

1. der Druck des Dampfes vor der Turbine $p_1 = 13$ atm. abs.,
2. die Temperatur des Dampfes vor der Turbine . . . . $t_1 = 300^0$ C,
3. der Entnahmedruck . . . . $p_e = 2$ atm. abs.,
4. die Kondensatorspannung . . . . . $p_c = 0{,}06$ atm. abs.

Der Wirkungsgrad des Hochdruckteiles sei mit $\eta_{u_I} = 0{,}6$, der des Niederdruckteiles mit $\eta_{u_{II}} = 0{,}7$ vorausgesetzt.

Gesucht ist bei der konstanten Leistung von 1000 PS_u die Zustandsänderung des die Turbine durchströmenden Dampfes im J—S-Diagramm, und zwar zunächst für die beiden Grenzfälle, den reinen Gegendruck- ($E/G = 1$) und den reinen Kondensationsbetrieb ($E/G = 0$).

a) Reiner Gegendruckbetrieb ($E/G = 1$).

Wenn 1000 PS_u die Grenzleistung darstellen, muß die Turbine bei dieser Belastung mit vollständig geöffnetem Hochdruck-Regulierventil arbeiten, d. h. der Dampfzustand vor dem ersten Hochdruckleitrad ist identisch mit dem Dampfzustand vor der Turbine. Man kann deshalb die angenäherte Zustandslinie für den Hochdruckteil der Turbine zeichnen. Das verfügbare adiabatische Hochdruckteilgefälle ergibt sich aus dem J—S-Diagramm (Fig. 61) zu

$$\Phi_I = 93{,}2 \text{ Kal.}$$

und der in Arbeit am Radumfang umgesetzte Teil zu

$$A\,L_{u_I} = \eta_{u_I} \cdot \Phi_I = 0{,}6 \cdot 93{,}2 = 55{,}92 \text{ Kal.}$$

Die gesamte zuströmende Dampfmenge wird nach den Hochdruckstufen der Turbine entnommen, sonach ist die durch den Niederdruckteil gehende Dampfmenge 0. Das Niederdruck-Regulierorgan muß zu dem Zweck die Dampfspannung vor dem ersten Niederdruckleitrad soweit abdrosseln, daß zwischen dem Raum der vor und dem Raum, der nach dem Niederdruckteil der Turbine liegt, die Spannungsdifferenz 0 ist, also vor dem ersten Niederdruckleitrad Kondensatorspannung herrscht. Diese Drosselkurve ist im J—S-Diagramm (Fig. 61, 62) eine horizontale Gerade, die bis zu $p = 0{,}06$ Atm. abs. reicht.

Der Dampfverbrauch pro Stunde ergibt sich aus der Gleichung

$$632{,}3\,N_u = G \cdot \Phi_I \cdot \eta_{u_I}$$

zu
$$G = \frac{632{,}3 \cdot 1000}{93{,}2 \cdot 0{,}6} = 11\,300 \text{ kg/Std.}$$

Diese Dampfmenge von 11 300 kg ist, wie wir wissen, die maximale, die der Turbine zufließt, und für sie erfolgt die Bemessung der Hochdruckschaufelung.

β) Reiner Kondensationsbetrieb ($E/G = 0$).

Nach den vorausgegangenen Überlegungen ist für diesen Betriebsfall der Druck vor dem ersten Niederdruckleitrad gleich dem Entnahmedruck $p_e = 2$ Atm. abs. und die in diesem Fall durch den Niederdruckteil der Turbine gehende Dampfmenge die hierfür maximal vorkommende. Zur Aufzeichnung der Zustandsänderung ist zunächst im J—S-Diagramm nur der geometrische Ort bekannt, auf dem der Druck liegt, der vor dem ersten Hochdruckleitrad durch das Regulierorgan eingestellt werden muß; dieser Ort ist als Drosselkurve $i_1 =$ konst. im J—S-Diagramm die Horizontale durch p_1, t_1. Die Höhe des gesuchten Druckes ergibt sich aus der Gleichung:

$$632{,}3\, N_u = G' \cdot \Phi_I' \cdot \eta_{u_I}' + G' \cdot \Phi_{II}' \cdot \eta_{u_{II}}'.$$

Nach früherem gilt

$$G' = G\,\frac{p_1'}{p_1}; \quad \eta_{u_I}' = \eta_{u_I}$$

und

$$\eta_{u_{II}}' = \eta_{u_{II}}$$

oder

$$632{,}3 \cdot 1000 = 11\,300 \cdot \frac{p_1'}{13} \cdot \Phi_I' \cdot 0{,}6 + 11\,300\,\frac{p_1'}{13} \cdot \Phi_{II}' \cdot 0{,}7 \qquad (5)$$

Φ_{II}' ergibt sich aus der Beziehung:

$$\Phi_I + \Phi_{II}' = \mu \cdot \Phi_0$$

zu:

$$\Phi_{II}' = 1{,}07 \cdot 212{,}8 - 93{,}2 = 134{,}3 \text{ Kal.},$$

nachdem Φ_0 aus dem J—S-Diagramm zu 212,8 Kal. entnommen und $\mu = 1{,}07$ geschätzt wurde. Zeigt sich, daß bei dem aus der erfahrungsgemäßen Annahme von μ folgenden Ergebnis der Wert von Φ_{II}' bei einer späteren Bestimmung aus dem J—S-Diagramm nicht identisch ist mit 134,3 Kal., so muß die Rechnung gegebenenfalls mit einer Neuannahme von μ wiederholt werden.

In der Gleichung (5) ist unbekannt p_1' und Φ_I'; p_1' ist, wie schon erwähnt, eine eindeutige Funktion von Φ_I' und aus der dafür aufgestellten Gleichung auf Seite 71 bestimmbar. Man erhält es einfacher durch graphisches Interpolieren aus dem J—S-Diagramm, indem man sich in einem Koordinatensystem mit p_1' als Abszisse den Wert der Funktion

$$y = \frac{11\,300}{13} \cdot p_1' \Phi_I' \cdot 0{,}6 + \frac{11\,300}{13} \cdot p_1' \cdot 134{,}3 \cdot 0{,}7 - 632{,}3 \cdot 1000$$

für einige Drucke p_1' durch Abgreifen des dazugehörigen Φ_I' aus dem J—S-Diagramm bildet und ihn zu p_1' als Ordinate aufträgt.

Dort wo die Kurve, die den Verlauf der Funktion y darstellt, die Abszissenachse schneidet, liegt der gesuchte Wert von p_1', denn dieser Wert erfüllt die Beziehung:

$$632{,}3 \cdot N_u = G' \Phi_I' \cdot \eta_{u_I}' + G' \Phi_{II}' \eta_{u_{II}}' = \frac{G}{p_1} (p_1' \Phi_I' \eta_{u_I}' + p_1' \Phi_{II}' \cdot \eta_{u_{II}}'),$$

er ergibt sich zu $p_1' = 5{,}71$ Atm. abs. Das zugehörige Φ_I' kann man der Figur oder dem J—S-Diagramm entnehmen. Die Darstellung (Fig. 63) enthält auch den Verlauf des Produktes $\Phi_I' \cdot p_1'$, weil dieses, wie wir in der Folge sehen werden, ein Maß darstellt für die im Hochdruckteil der Turbine umgesetzte Arbeit.

Ist p_1' bekannt, dann findet sich aus

$$G' = G \frac{p_1'}{p_1}$$ der Wert von G' zu 4960 kg/Std.

Die Zustandsänderung kann im J—S-Diagramm eingezeichnet werden, und ihr Verlauf ist aus Fig. 62 zu erkennen. Für die Dampfmenge $G' = 4960$ kg pro Stunde erfolgt nach Vorausgehendem die Dimensionierung der Niederdruckschaufelung.

γ) Eigentlicher Entnahmebetrieb ($E/G > 0 < 1$).

Die Grenzen der Entnahme sind bekannt, sie liegen zwischen $E = 0$ und $E = 11\,300$ kg pro Stunde, desgleichen die diesen Dampfmengen entsprechenden absoluten Drucke vor dem ersten Hochdruckleitrad (13 bzw. 5,71 Atm. abs.). Um ein Bild zu gewinnen über den Verlauf der Zustandsänderung, abhängig von der Entnahme für zwischenliegende Fälle mit Werten von $E/G > 0 < 1$ werden wir auf der Drosselkurve $i_1 =$ konst. für verschiedene Drucke, die zwischen p_1 und p_1' liegen, die Entnahmedampfmengen bestimmen unter Beachtung der Bedingung konstanter Gesamtleistung. Die Bedingung ist an die Gleichung geknüpft:

$$632{,}3\, N_u = G'' \Phi_I'' \cdot \eta_{u_I}'' + (G'' - E)\, \Phi_{II}'' \cdot \eta_{u_{II}}'',$$

oder

$$632{,}3\,N_u = G\,\frac{p_1''}{p_1}\cdot\Phi_{\rm I}''\cdot\eta_{u_{\rm I}}'' + G'\,\frac{p_2''}{p_2'}\cdot\Phi_{\rm II}''\cdot\eta_{u_{\rm II}}'' \quad . \quad . \quad (6)$$

Wählen wir p_1'' beispielsweise $= 10$ Atm. abs., so findet sich dazu aus dem J—S-Diagramm: $\Phi_{\rm I}'' = 82{,}3$ Kal.; unbekannt ist in vorstehender Gleichung p_2'' und $\Phi_{\rm II}''$. Der Wert des Produktes $p_2''\cdot\Phi_{\rm II}''$ läßt sich bestimmen, und der geometrische Ort für p_2'' ist die Drosselkurve i_2''; da sonach $\Phi_{\rm II}''$ nach den früheren Erörterungen wieder eine eindeutige Funktion von p_2'' ist, so läßt sich durch graphisches Interpolieren oder einiges Probieren der gesuchte Wert von p_2'' und damit von $\Phi_{\rm II}''$ ermitteln. Mit p_2'' ist auch die durch den Niederdruckteil der Turbine gehende, ebenso wie mit p_1'' die durch den Hochdruckteil gehende Dampfmenge bekannt.

Bringen wir vorstehende Gleichung (6) in die Form:

$$N_u'' = \frac{G\cdot\eta_{u_{\rm I}}''}{632{,}3\cdot p_1}\cdot p_1''\,\Phi_{\rm I}'' + \frac{G'\cdot\eta_{u_{\rm II}}''}{632{,}3\cdot p_e}\cdot p_2''\cdot\Phi_{\rm II}''$$
$$= \quad N_{u_{\rm I}}'' \quad + \quad N_{u_{\rm II}}'',$$

so erkennt man, daß die Hochdruckleistung direkt proportional ist dem Produkt $p_1''\,\Phi_{\rm I}''$ desgleichen die Niederdruckleistung dem Produkt $p_2''\cdot\Phi_{\rm II}''$;

$$\frac{G\cdot\eta_{u_{\rm I}}''}{632{,}3\cdot p_1} = \frac{11\,300\cdot 0{,}6}{632{,}3\cdot 13} = 0{,}825;\quad \frac{G'\cdot\eta_{u_{\rm II}}''}{632{,}3\cdot p_e} = \frac{4960\cdot 0{,}7}{632{,}3\cdot 2} = 2{,}746;$$

sonach

$$N_u'' = 0{,}825\cdot p_1''\cdot\Phi_{\rm I}'' + 2{,}746\cdot p_2''\cdot\Phi_{\rm II}''$$

und, da N_u'' nach Voraussetzung konstant ist, also gleich N_u und gleich N_u', so ist:

$$p_2''\cdot\Phi_{\rm II}'' = f\,(p_1''\cdot\Phi_{\rm I}'') = \frac{1000}{2{,}746} - \frac{0{,}825}{2{,}746}\cdot p_1''\cdot\Phi_{\rm I}''.$$

Zeichnet man, wie in Fig. 64 geschehen, in ein Achsenkreuz, abhängig von p_1'', den Verlauf von $p_1''\cdot\Phi_{\rm I}''$ ein, so ist damit, wenn N_u — konst., zugleich der Verlauf von $p_2''\cdot\Phi_{\rm II}''$ und damit von $N_{u_{\rm I}}''$ bzw. $N_{u_{\rm II}}''$ bekannt. Diese vier Größen lassen sich durch eine Linie zur Darstellung bringen. (Fig. 63 und 64.) Die abzugreifenden Ordinaten sind im richtigen Maßstab zu entnehmen, dessen Bestimmung nach dem Vorausgehenden keine Schwierigkeit macht. Beispielsweise findet sich zu $p_1'' = 10$ Atm. abs. mit dem aus dem J—S-Diagramm entnommenen Wert von $\Phi_{\rm I}'' = 82{,}3$ Kal. aus der Rechnung oder Darstellung:

$$N_{u_{\rm I}}'' = \frac{11\,300\cdot 10}{13\cdot 632{,}3}\;82{,}3\cdot 0{,}6 = 678{,}5\ \text{PS},$$

somit $N_{u_{II}}'' = 1000 - 678{,}5 = 321{,}5$ PS

und

$$p_2'' \cdot \Phi_{II}'' = 117 \text{ Kal.} \cdot \text{atm. abs. aus } p_2'' \Phi_{II}'' = \frac{1000}{2{,}746} - 0{,}3 \cdot p_1'' \cdot \Phi_I''.$$

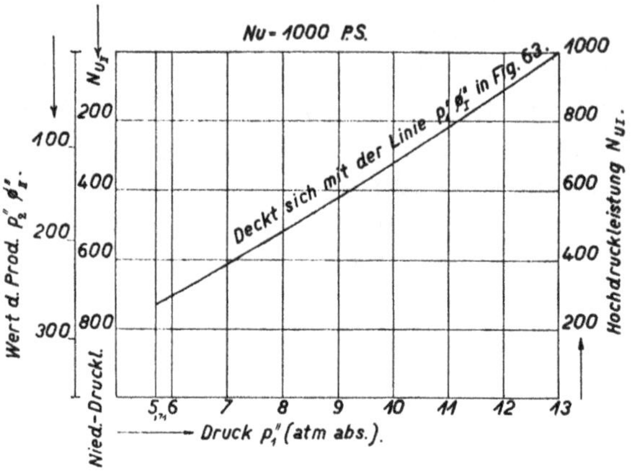

Fig. 64.

Durch Bildung dieses Produktes für verschiedene Werte von p_2'' auf i_2'' findet sich durch Interpolieren zu $p_2'' \cdot \Phi_{II}'' = 117$ Kal.·atm. abs. $p_2'' = 1{,}074$ Atm. abs.

Mit den gefundenen Werten läßt sich die Zustandsänderung vollständig zeichnen; die in die Turbine eintretende Dampfmenge ist:

$$G'' = 11\,300 \cdot \frac{10}{13} = 8690 \text{ kg/Std.},$$

die durch die Niederdruckstufen gehende Dampfmenge:

$$(G'' - E) = G' \cdot \frac{p_2''}{p_e} = 4960 \cdot \frac{1{,}074}{2} = 2665 \text{ kg/Std.},$$

sonach die zwischen Hochdruck- und Niederdruckteil entnommene Dampfmenge $E = 8690 - 2665 = 6025$ kg/Std.

Führt man eine gleiche Rechnung durch für weitere Werte von p_1'', so erhält man eine Darstellung (Fig. 65), aus der man, abhängig von p_1'', für konstante Gesamtleistung entnehmen kann:

$$G'', E, (G'' - E), p_2''$$

und im Zusammenhang mit Fig. 64 auch N_{u_I}'' und $N_{II u}''$. Im J—S-Diagramm (Fig. 61 und 62) sind die Punkte p_2'' durch einen Linienzug a verbunden, so daß man, wie Fig. 61 erkennen läßt, bei konstantem N_u für jeden Druck p_1'' die ganze Zustandsänderung auffinden kann.

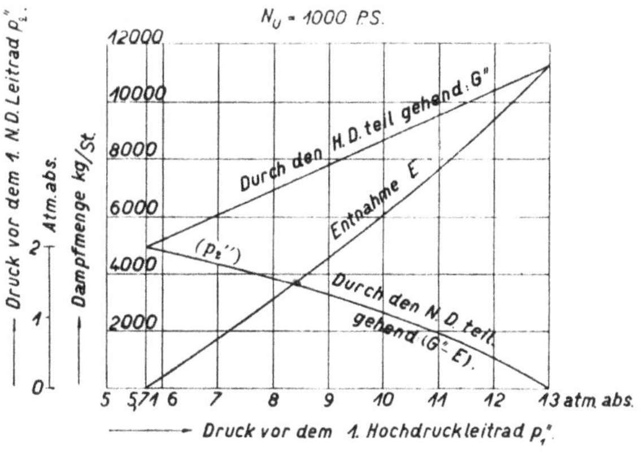

Fig. 65.

Man kann die Darstellungen erweitern, indem man noch die Verhältnisse bei Teillasten untersucht, was an Hand des gewählten Beispieles geschehen soll.

2. Betrieb bei Teillast. $N_{u^3/_4} = {}^3/_4 \cdot 1000 = 750$ PS.

a) Reiner Gegendruckbetrieb. ($E/G = 1$.)

Es handelt sich wie im vorausgehenden zunächst wieder um die Darstellung der Zustandsänderung des Dampfes im *J*—*S*-Diagramm.

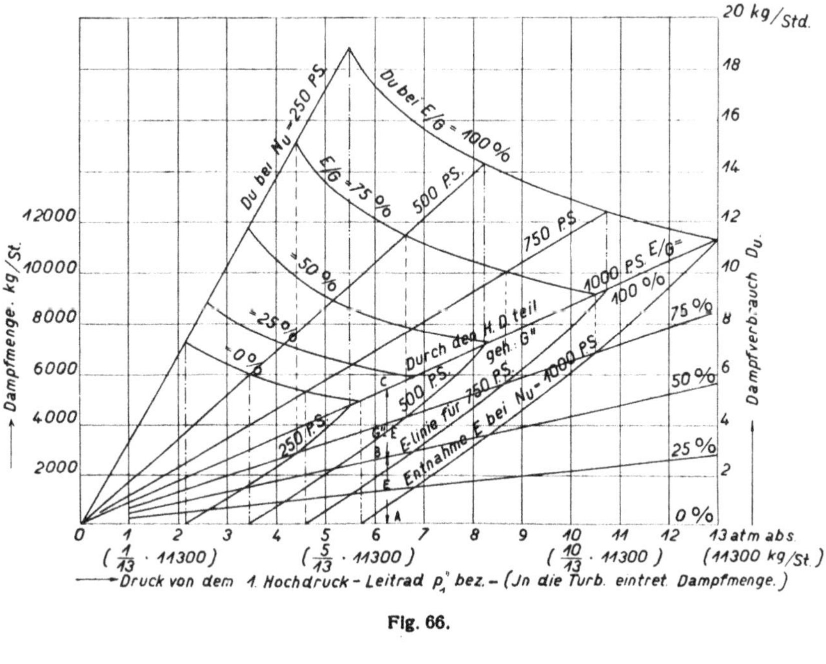

Fig. 66.

Zur Bestimmung des Druckes vor dem ersten Hochdruckleitrad dient die Gleichung:

$$G\,\frac{p_1''}{p_1}\cdot \Phi_1''\cdot \eta_{u_1}''=632{,}3\cdot N_{u^3/_4}\,.\quad .\quad .\quad .\quad .\qquad (7)$$

Es findet sich aus der schon gezeichneten Darstellung Fig. 64, wie aus dem Aufbau der vorstehenden Gleichung durch Vergleich mit Früherem folgt, der Wert $p_1''=10{,}74$ Atm. für $N_u=750$ PS.

$$\Phi_1''=84{,}6\text{ Kal.},\quad G''=9330\text{ kg/Std.}$$

Die Zustandsänderung liegt fest und ist in ihrem Verlauf aus Fig. 62 zu erkennen.

β) Reiner Kondensationsbetrieb. ($E/G=0$.)

Die vorstehender Gleichung (7) analoge Beziehung lautet hier

$$632{,}3\cdot N_{u^3/_4}=G\,\frac{p_1''}{p_1}\cdot \Phi_1''\cdot \eta_{u_1}''+G'\,\frac{p_2''}{p_e}\cdot \Phi_{11}''\cdot \eta_{u_{11}}''\quad .\qquad (8)$$

und da

$$G\cdot\frac{p_1''}{p_1}=G'\,\frac{p_2''}{p_e},$$

so ist

$$p_2''=\left(\frac{G}{G'}\right)\cdot\left(\frac{p_e}{p_1}\right)\cdot p_1''=\frac{11\,300}{4960}\cdot\frac{2}{13}\cdot p_1''=0{,}35\cdot p_1''.$$

Die Gleichung (8) bringt man zweckmäßig wieder in die Form:

$$\begin{aligned}N_{u^3/_4}&=\left(\frac{G\cdot\eta_{u_1}''}{632{,}3\cdot p_1}\right)\cdot p_1''\cdot\Phi_1''+\left(\frac{G'\cdot\eta_{u_{11}}''}{632{,}3\cdot p_e}\right)\cdot p_2''\cdot\Phi_{11}''\\&=\quad 0{,}825\cdot p_1''\cdot\Phi_1''+\quad 2{,}746\quad\cdot p_2''\cdot\Phi_{11}''\\&=\quad N_{u^3/_{4_1}}\quad+\quad N_{u^3/_{4_{11}}}.\end{aligned}$$

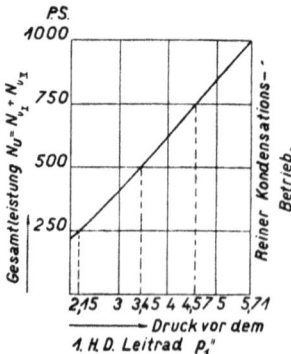

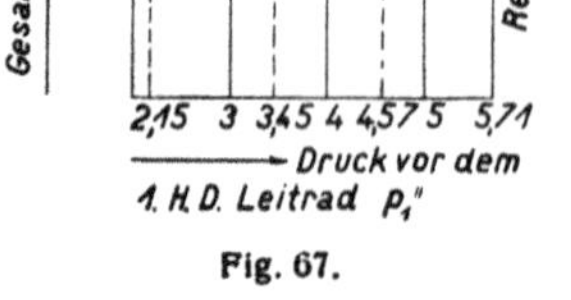

Fig. 67.

Die Auffindung des Wertes von p_1'' geschieht am einfachsten graphisch mit Hilfe des J—S-Diagrammes durch Interpolieren. Man sucht sich zu einigen Werten von p_1'' den Wert von N_{u_1} bzw. p_2'' und $N_{u_{11}}$; trägt man, wie in Fig. 67 geschehen, in einem Koordinatensystem, mit p_1'' als Abszisse $N_u=N_{u_1}+N_{u_{11}}$ als Ordinate auf, so findet sich dort, wo N_u den Wert $N_{u^3/_4}=750$ PS erreicht, der Wert des Druckes p_1'', in unserem Fall zu 4,57 Atm.

abs. (Fig. 67) dazu $p_2'' = 0{,}35 \cdot 4{,}57 = 1{,}6$ Atm. abs. Mit p_1'' und p_2'' ist die Zustandsänderung im J—S-Diagramm bekannt.

$$G'' = 11\,300 \cdot \frac{4{,}57}{13} = 3970 \text{ kg/Std.}$$

γ) Eigentlicher Entnahmebetrieb. ($E > 0 < 1$.)

Die Grenzen der Entnahme liegen jetzt zwischen 0 und 9330 kg/St. Man kann nun wieder für Drucke vor dem ersten Leitrad, die zwischen 4,57 und 10,74 Atm. abs. liegen, sich über das Aussehen der Zustandsänderung im J—S-Diagramm, die Entnahme usw. Klarheit verschaffen. Der Weg, der dazu führt, unterscheidet sich nicht von dem schon angegebenen für $N_u = 1000$ PS.

In den Diagrammen Fig. 62 und 66 ist das Resultat der Untersuchungen für Leistungen von $^1/_1$-, $^3/_4$-, $^1/_2$- und $^1/_4$-Last zur Darstellung gebracht. Die Fig. 66 enthält auch Linien D_u für den Dampfverbrauch pro PS_u/Std. Offenbar liegen die Werte für D_u, abhängig von p_1'', solange die Leistung konstant bleibt, auf Geraden, die zum Ursprung gehen, denn es besteht eine lineare Abhängigkeit zwischen der gesamten durch die Turbine gehenden Dampfmenge und dem Druck vor dem ersten Hochdruckleitrad; diese Abhängigkeit bleibt bei konstanter Leistung naturgemäß auch für D_u bestehen. Die Kenntnis eines Wertes von D_u für verschiedene Belastungsfälle genügt sonach, um die Geraden zeichnen zu können. Dabei ist

$$D_u = \frac{G''}{N_u}.$$

Vielfach will man die entnommene Dampfmenge nicht nur dem absoluten Betrage nach, sondern in Prozenten der der Turbine zugeführten Dampfmenge kennen; deshalb sind in die Darstellung (Fig. 66) auch noch Linien konstanter prozentualer Entnahme eingetragen.

Betrachten wir die E-Linien, so entsprechen auf diesen, wenn wir verschiedene Teillasten ins Auge fassen, der Entnahme 0% die Punkte, welche auf der Abszissenachse, und der Entnahme 100% die Punkte, die auf der Geraden G'' liegen. Der Entnahme 50% entsprechen Punkte auf einer Linie, für die die Beziehung besteht:

$$\frac{AB}{AC} = \frac{E}{G''} = 0{,}5 \quad \text{(Fig. 66).}$$

Nachdem $E/G = 0\%$ und $E/G = 100\%$ Gerade darstellen, sind auch alle übrigen Linien $E/G =$ konst. Gerade, die zum Ursprung gehen.

Aus der Geradenschar $E/G =$ konst. und D_u für $N_u =$ konst. in Verbindung mit den E-Linien entstehen dann, in der in der Fig. 66 zum Ausdruck gebrachten Weise, die Kurven D_u bei $E/G =$ konst., die mit den D_u-Linien korrespondieren, wie die E/G-Geraden zu den E-Linien gehören. Auch im J—S-Diagramm kann man solche E/G-Linien zur Darstellung bringen. Eine derart erweiterte Darstellungsweise (Fig. 62 und 66) gestattet sehr viele Fragen zu beantworten, welche beim Entwurf und bei der Abgabe von Garantiewerten zu stellen sind.

Zur Kennzeichnung der Wirtschaftlichkeit einer Dampfkraftanlage ist, wie wir bereits gesehen haben, nicht der Dampfverbrauch, sondern der Wärmeverbrauch maßgebend. Bei einer Kraftheizungsanlage entspricht die durch den Niederdruckteil der Turbine gehende Dampfmenge dem zur Krafterzeugung nötigen Betrag der gesamten der Turbine zugeführten Dampfmenge. Bei reinem Gegendruckbetrieb ($E/G = 1$) sinkt dieser Wert bis auf 0, während nach dem Gesetz von der Erhaltung der Energie der Wärmeverbrauch pro PS/Std. mindestens dem Betrage von 632,3 Kal. gleichkommt — mit anderen Worten — der aus der Kraftmaschine in die Heizung gehende Dampf ist zwar der Menge nach gleich dem der Turbine zuströmenden Dampf, aber dem Wärmeinhalt nach vermindert um einen der erzeugten mechanischen Arbeit proportionalen Betrag an Wärme, so daß bei reinem Gegendruckbetrieb zwar der Dampfverbrauch zur Krafterzeugung 0 ist, der Wärmeverbrauch aber mindestens 632,3 Kal. pro PS/Std. beträgt.

In dem Maße, in dem die Dampfentnahme bei gleichbleibender Leistung abnimmt, steigt die durch den Niederdruckteil gehende Dampfmenge nach dem aus der Fig. 65 ersichtlichen Gesetz, und — wenn man, wie dies für die Mehrzahl der Fälle zutrifft, die von diesem Dampf nach der Arbeitsleistung im Niederdruckteil an das Kühlwasser abgegebene Wärme als verloren betrachten muß — die zur Krafterzeugung nötige Wärmemenge.

Will man wissen, in welchem Verhältnis die in dem gesamten zugeführten Dampf als Wärmeträger steckende Energie sich auf Krafterzeugung und Heizung verteilt, so läßt sich dies in einfacher

Weise zeigen unter Zugrundelegung eines reduzierten Dampfverbrauches der Krafterzeugung $D_{u\,\mathrm{red}}$, der mit der durch den Niederdruckteil gehenden Dampfmenge nicht identisch ist, und dessen Bedeutung aus dem Folgenden hervorgeht.

Nach Früherem ist der Wärmeverbrauch der Kraftheizungsanlage direkt proportional ihrem Dampfverbrauch, denn

$$W_u = D_u \cdot i_1,$$

worin i_1 die Erzeugungswärme des der Turbine bei konst. Druck zuströmenden Dampfes bedeutet, 0° C als Speisewassertemperatur vorausgesetzt. Die Wärmeverbrauchskurve W_u pro PS/Std. wird also, abhängig von p_1'' analog der D_u-Kurve eine Gerade sein, die durch den Ursprung des Koordinatensystems geht; sie kann unter Berücksichtigung des Maßstabes mit der Dampfverbrauchskurve zur Deckung gebracht werden.

Nachdem, abhängig von p_1'', bei konstanter Leistung auch E_u pro PS/Std. und aus dem J—S-Diagramm die Erzeugungswärme des Heizdampfes bekannt sind, so kennt man die zur Deckung des Wärmebedarfes der Heizung nötige Wärmemenge pro Leistungseinheit der Kraftmaschine

$$W_{uH} = E_u \cdot i_2'',$$

zur Krafterzeugung wurde verbraucht

$$W_{uK} = D_u \cdot i_1 - E_u \cdot i_2''.$$

Der diesem Wärmeverbrauch entsprechende Verbrauch an Frischdampf wäre

$$D_{u\,\mathrm{red}} = \frac{D_u \cdot i_1 - E_u \cdot i_2''}{i_1} = D_u - E_u \left(\frac{i_2''}{i_1}\right).$$

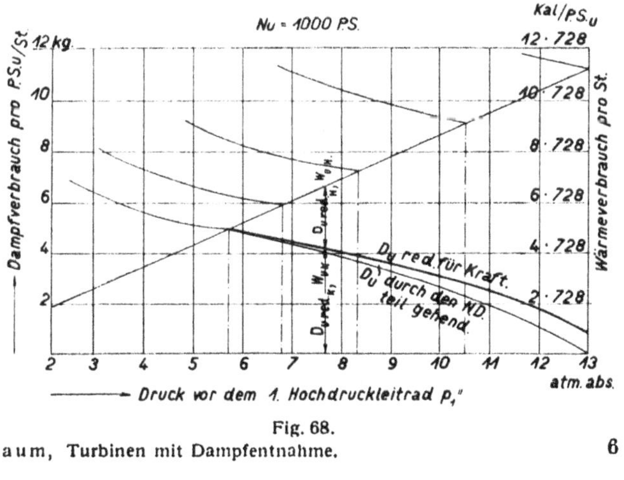

Fig. 68.

Rechnet man diesen Wert aus für verschiedene Annahmen von p_1'', so erhält man die Kurve des reduzierten Dampfverbrauches zur Krafterzeugung, welche, unter Berücksichtigung des Maßstabes, natürlich

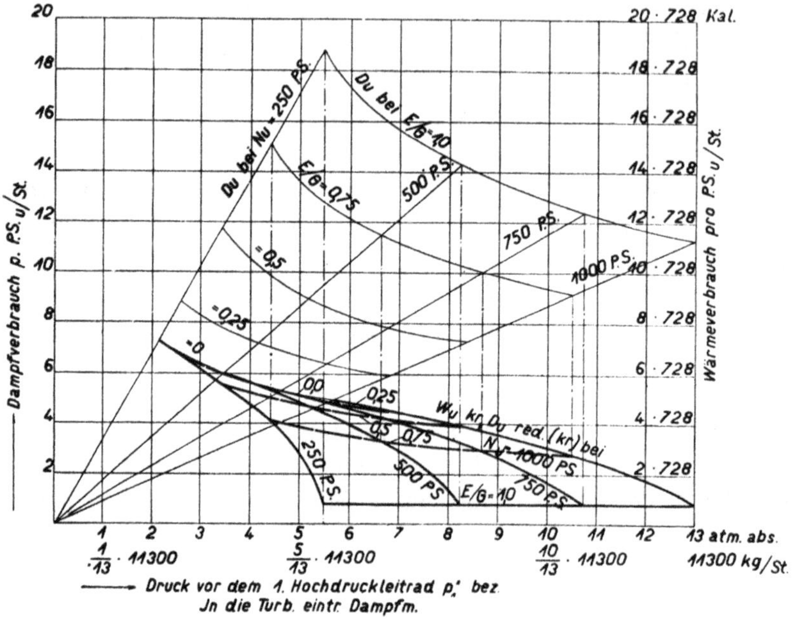

Fig. 69.

identisch ist mit der Kurve für den Wärmeverbrauch der Krafterzeugung. Bei reinem Kondensationsbetrieb ($E/G = 0$) ist

$$D_{u\,\mathrm{red}} = D_u.$$

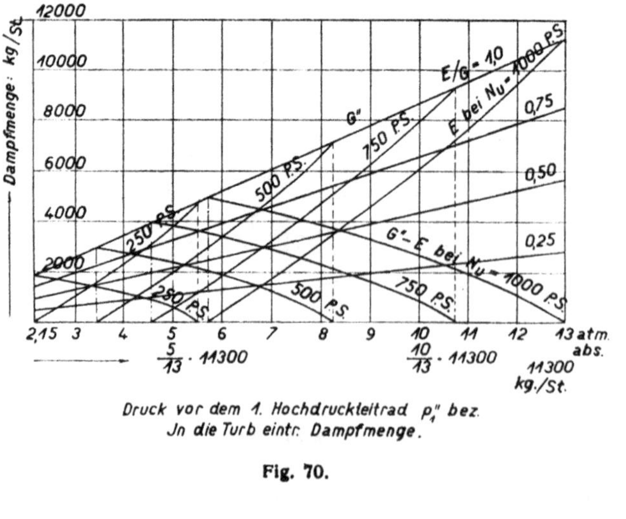

Fig. 70.

Das Ergebnis der Rechnung ist für unser Zahlenbeispiel aus Fig. 68 zu entnehmen; man erkennt aus der Darstellung, wie die mit dem Frischdampf zugeführte Gesamtenergie zur Krafterzeugung bzw. Heizung verwendet wird.

Um $D_{u\,red}$ mit der durch den Niederdruckteil der Turbine gehenden Dampfmenge vergleichen zu können, ist die Kurve für D_u aus Fig. 65 übertragen.

Auch für Teillasten lassen sich die Kurven des reduzierten Dampfverbrauches nach Vorausgehendem ohne Schwierigkeiten entwickeln. Ihren Verlauf zeigt Fig. 69, in die auch noch Kurven konstanter prozentualer Entnahme eingezeichnet sind, die sich, wie für die Kurve $E/G = 0{,}75$ in der Darstellung angedeutet ist, leicht bestimmen lassen. Für $E/G = 1$ erhalten wir eine horizontale Gerade im Abstand:

$$D_{u\,red} = \frac{632{,}3}{i_1 = 728} = 0{,}868\ \mathrm{kg/PS_u/Std.}$$

Die Kurve für $E/G = 0$ (reiner Kondensationsbetrieb) fällt mit der Dampfverbrauchskurve für reinen Kondensationsbetrieb naturgemäß zusammen.

b) Füllungsregelung im Hochdruck- und Drossel-Regelung im Niederdruckteil der Turbine.

Dieser Fall entspricht bei der heute vorzugsweise gebauten kombinierten Turbine einer großen Zahl von Ausführungen. Er setzt für die erste Hochdruckstufe Düsen als Leitapparate voraus. Zu erwähnen bleibt, daß die r e i n e Füllungsregelung des Hochdruckteiles sich in der Praxis bisher nicht findet, weil die von Hand oder besser durch den Regler betätigte Abschaltung der Querschnitte nicht allmählich, sondern absatzweise erfolgt, so daß, streng genommen, alle in der Praxis eingeführten Füllungsregelungen ein Kompromiß zwischen Drossel- und reiner Füllungsregelung — eine sogenannte gemischte Regelung — darstellen.

Durch weitgehende Unterteilung des gesamten nötigen Düsenquerschnittes kann man sich der reinen F ü l l u n g s r e g e l u n g aber in hohem Maße nähern. Den folgenden Ausführungen sei die reine Füllungsregelung des Hochdruckteiles als Idealfall zugrunde gelegt.

Der Füllungsregelung gegenüber besitzt die Drosselregelung den Vorzug der konstruktiven Einfachheit und der damit begründeten großen Betriebssicherheit. Man hat sich aus diesem Grunde bisher in der Mehrzahl der Fälle darauf beschränkt, erstere nur für den Hochdruckteil in Anwendung zu bringen, während man für den Niederdruckteil die einfache Drosselregulierung beibehalten hat; in neuester Zeit werden aber aus den später besprochenen wirtschaftlichen Gründen auch Turbinen gebaut, die sowohl im Hochdruck- als auch im Niederdruckteil mit Füllungsregelung arbeiten.

Betrachten wir die kombinierte Turbine, so kommen bei dieser in der heutigen Ausführungsform fast nur zweikränzige Curtisräder für die Hochdruckstufen in Betracht, deren Zahl meist 1, höchstens, unter den früher begründeten Umständen, 2 beträgt, wenn wir uns, wie auch in der Folge, nur an stationäre Anlagen halten. Unserer weiteren Betrachtung legen wir den Fall zugrunde, daß ein Curtisrad den Hochdruckteil bildet; hinter diesem liegt die Entnahmestelle, dann folgt der Niederdruckteil, dessen Ausführungssystem — ob nach dem Gleich- oder Überdruckprinzip — für unsere engeren Betrachtungen von untergeordneter Bedeutung ist.

Zur Untersuchung stehen die gleichen Fragen wie im Fall der ausschließlichen Drosselregelung; auch legen wir zum direkten Vergleich beider Betriebsarten der Rechnung dasselbe Zahlenbeispiel zugrunde mit der Forderung, daß die Turbine sowohl bei reinem Gegendruck- ($E/G = 1$) als auch bei reinem Kondensationsbetrieb ($E/G = 0$) die volle Leistung von 1000 PS am Radumfang abgibt.

1. Betrieb bei Vollast.

α) Reiner Gegendruckbetrieb. ($E/G = 1$.)

Bei dieser Betriebsart steht der Regler in seiner untersten Grenzlage, sämtliche Düsen sind geöffnet, und die Bemessung des Hochdruckteiles der Turbine ist, da die maximale Dampfmenge von der Regelungsart unabhängig ist, dieselbe wie im früher betrachteten Fall der ausschließlichen Drosselregelung; deshalb ist auch die Dimensionierung die gleiche.

Anders gestaltet sich die Rechnung für den Niederdruckteil, dessen Bemessung auch nach der maximalen Dampfmenge erfolgt, die er, wie dargetan, bei reinem Kondensationsbetrieb ($E/G = 0$) aufnimmt.

β) Reiner Kondensationsbetrieb. ($E/G = 0$.)

Analog dem unter a) betrachteten Fall ist für diese Betriebsart der Druck vor dem ersten Niederdruckleitrad gleich dem Entnahmedruck, das Niederdruck-Drosselventil ist vollständig geöffnet.

Im Gegensatz zu früher ist jetzt das im Hochdruckteil verarbeitete Teilwärmegefälle bei allen Betriebsarten konstant (Fig. 71). Die für die Entnahme 0 nötige Dampfmenge ergibt sich aus der Beziehung:

$$G' \cdot \eta_{u_I}' \cdot \Phi_I' + G' \cdot \Phi_{II}' \cdot \eta_{u_{II}}' = 632{,}3 \cdot N_u$$

zu:

$$G' = \frac{632{,}3 \cdot 1000}{93{,}2 \cdot 0{,}6 + 129{,}3 \cdot 0{,}7} = 4316 \text{ kg/Std.}$$

nachdem

$$\Phi_I' = 93{,}2$$

und $\Phi_{II}' = 129{,}3$ Kal.

unmittelbar aus dem J—S-Diagramm entnommen werden können. G' ist wegen der im Hochdruckteil wegfallenden Drosselung und der damit gegen früher weitergehenden Ausnutzung des auf ihn entfallenden adiabatischen Gefälles wesentlich kleiner als im Fall der reinen Drosselregulierung für Hoch- und Niederdruckteil.

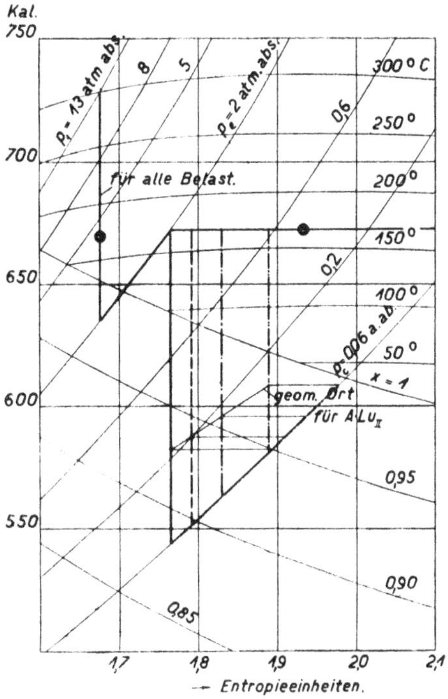

J—S-Diagramm

Fig. 71.

——— 1/1 Last = 1000 PS_u.
– – – – 3/4 „ = 750 „
—·—·— 1/2 „ = 500 „
—··—··— 1/4 „ = 250 „
——o—— Reiner Gegendruckbetrieb.
——— Reiner Kondensationsbetrieb.

γ) Eigentlicher Entnahmebetrieb. ($E/G > 0 < 1$.)

Die Entnahmegrenzen liegen wie früher zwischen 0 und 11 300 kg pro Std.

Zur vergleichsweisen Darstellung der wichtigen Werte können wir jetzt, im Gegensatz zu früher, nicht mehr ihre Abhängigkeit vom Druck p_1'' wählen, der vor dem ersten Hochdruckleitrad herrscht, da dieser unabhängig geworden ist von der Betriebsart. Wir wählen vielmehr als Abszisse die durch den Hochdruckteil der Turbine strömende Dampfmenge. Bei reiner Drosselregulierung ist diese proportional dem Druck p_1''; es wird deshalb, wie dies in den Fig. 66

und 72 angedeutet ist, für diesen Fall eine Darstellungsweise über G'' als Abszisse unter Beachtung des Maßstabes identisch sein mit der Darstellung über p_1''; damit ist eine Grundlage geschaffen, auf der

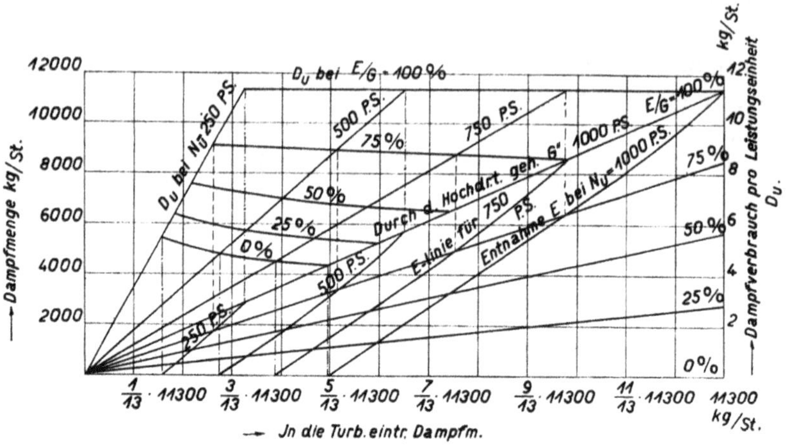

Fig. 72.

sich die beiden Regulierweisen in ihrem Einfluß auf die, durch die verschiedenen Betriebsarten bedingte, Veränderlichkeit der Werte N_u, G, E usw. vergleichen lassen.

G'' liegt zwischen 11 300 und 4316 kg pro Std., wobei, wie aus Vorstehendem folgt, die erste Zahl reinem Gegendruck- ($E/G = 1$), die zweite Zahl reinem Kondensationsbetrieb ($E/G = 0$) entspricht.

Zur Untersuchung der Verhältnisse dient wieder die Hauptgleichung:

$$632{,}3 \cdot N_u = G'' \cdot \Phi_I'' \cdot \eta_{u_I}'' + (G'' - E) \cdot \Phi_{II}'' \cdot \eta_{u_{II}}''$$

in der abgeänderten Form:

$$632{,}3\, N_u = G'' \cdot \Phi_I'' \cdot \eta_{u_I}'' + G' \frac{p_2''}{p_e} \cdot \Phi_{II}'' \cdot \eta_{u_{II}}''.$$

Wählen wir, wie früher, beispielsweise die bei Drosselregelung dem Druck $p_1'' = 10$ Atm. abs. entsprechende Dampfmenge von

$$G'' = 11300 \cdot \frac{10}{13} = 8690\,\text{kg/Std.},$$

so findet sich aus dem J—S-Diagramm

$$\Phi_I'' = 93{,}2\ \text{Kal.}$$

und bekannt ist jetzt der Wert des Produktes $p_2'' \cdot \Phi_{II}''$. Der geometrische Ort für p_2'' ist die Drosselkurve i_2'', und p_2'' bzw. Φ_{II}''

findet sich am einfachsten durch graphisches Interpolieren wie früher; mit p_2'' ist die durch den Niederdruckteil gehende Dampfmenge und damit bei gleichbleibender Leistung die mögliche Entnahme bekannt.

Nach Einsetzen der Zahlenwerte ergibt sich aus:

$$N_u = \left(\frac{\Phi_I'' \cdot \eta_{u_I}''}{632,3}\right) \cdot G'' + \left(\frac{G' \cdot \eta_{u_{II}}''}{632,3 \cdot p_e}\right) \cdot p_2'' \cdot \Phi_{II}''$$

$$N_u = 0,885\, G'' + 2,39 \cdot p_2'' \cdot \Phi_{II}''$$

$$= N_{u_I} \quad + \quad N_{u_{II}},$$

d. h., die im Hochdruckteil erzeugte Leistung ist linear abhängig von G'', die im Niederdruckteil erzeugte Leistung von $p_2'' \cdot \Phi_{II}''$;

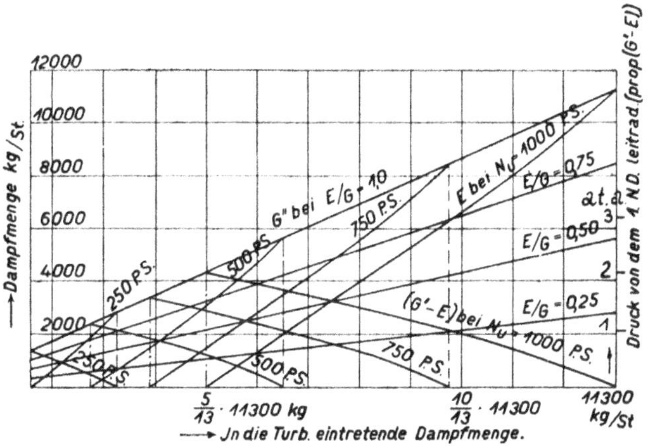

Fig. 73.

da N_u konstant ist, ist auch $p'' \cdot \Phi_{II}''$ und damit N_u eine lineare Funktion von G''.

Mit $G'' = 8690$ kg z. B. findet sich:

$$N_{u_I} = 768,5 \text{ PS.}$$

somit

$$N_{u_{II}} = 1000 - 768,5 = 231,5 \text{ PS}$$

und daraus:

$$p_2'' \cdot \Phi_{II}'' = 96,9 \text{ Kal.} \cdot \text{Atm. abs.}$$

Das J—S-Diagramm ergibt hierzu den Wert $p_2'' = 0,94$ Atm. abs. auf der Drosselkurve $i_2'' =$ konst.

Die durch den Niederdruckteil der Turbine gehende Dampfmenge ist:

$$(G'' - E) = 4316 \cdot \frac{0,94}{2} = 2030 \text{ kg/Std.}$$

und die Entnahme:

$$E = G'' - 2030 = 6660 \text{ kg/Std.}$$

Das Ergebnis der Rechnung bei Annahme verschiedener Werte von G'' zeigen die Fig. 71, 72 und 73, die wie die übrigen Darstellungen des Vergleiches halber in gleichem Maßstab gezeichnet sind, wie die entsprechenden Figuren für die reine Drosselregelung im Hoch- und Niederdruckteil der Turbine. Fig. 70 ist die der Fig. 73 analoge Darstellung für Drosselregelung im Hoch- und Niederdruckteil der Turbine.

2. Betrieb bei Teillast.

Der Rechnungsgang für Teillasten bietet nichts Neues, es sei deshalb an dieser Stelle nur auf das Resultat verwiesen, das in vorgenannten Figuren zur Darstellung gebracht ist und einen Vergleich

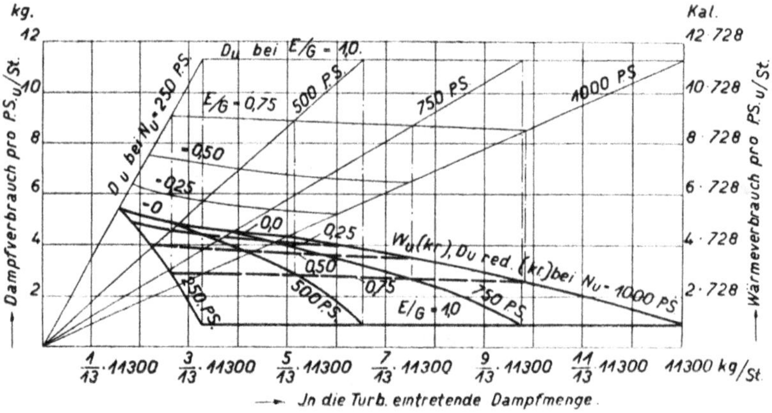

Fig. 74.

mit den analogen Werten bei der reinen Drosselregelung im Hoch- und Niederdruckteil gestattet. Fig. 74 zeigt die der Fig. 69 analogen Größen.

c) Wirtschaftlichkeit beider Regelungsarten.

1. Dampf- und Wärmeverbrauch für die Leistungseinheit am Radumfang.

Aus der Gegenüberstellung vorgenannter Werte erhellt eine Überlegenheit der Füllungsregulierung gegenüber der Drosselregulierung. Betrachten wir beispielsweise den Dampfverbrauch pro PS/Std. bei gleicher Leistung und gleicher Entnahme. Die Unterschiede im Dampfverbrauch sind sowohl absolut wie prozentual um so größer, je kleiner bei gleicher Entnahme die Belastung der Maschine ist. In Fig. 75, die aus den Darstellungen Fig. 66 bzw. 72 abgeleitet ist, sind, abhängig von der Leistung am Radumfang, Dampfverbrauchskurven zur Darstellung gebracht für beide Regulierungs-

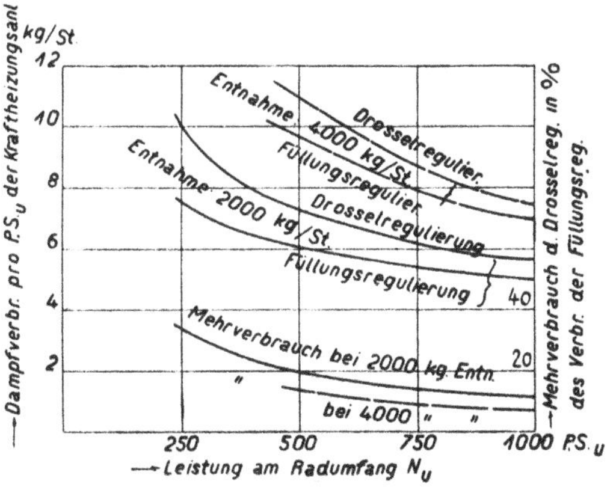

Fig. 75.

arten; man erkennt daraus, daß bei gleichbleibender Leistung mit zunehmender Entnahme der Unterschied im Mehrverbrauch kleiner wird. Das Resultat ist nicht überraschend, solange wir uns bei Angabe des Dampfverbrauches auf die Abhängigkeit von der Leistung am Radumfang beziehen.

Auch für normale Kondensationsturbinen ($E/G = 0$) zeigt eine Betrachtung der Vorgänge im J—S-Diagramm sofort die Überlegenheit der Füllungsregelung bei Entlastung. Trotz dieser Tatsache hat man aber vielfach an der konstruktiv einfachen Drosselregelung festgehalten, in der Erkenntnis, die auch zum Teil durch die Erfahrung bestätigt wurde, daß der Dampfverbrauch pro Einheit der an der Turbinenwelle abgegebenen Leistung bei weitem nicht in dem Maße schlechter ist als der pro Einheit am Radumfang.

Bei der Drosselung vermindert sich für alle Stufen die Dichte des Mediums, in dem die Laufräder rotieren, und in gleichem Maße die Radreibungsarbeit nach der von Stodola experimentell gefundenen Beziehung:

$$N_r = \frac{\beta}{10^6} \cdot D^2 \cdot u^3 \cdot \gamma.$$

Bezüglich des Koeffizienten β ist bekannt, daß er von der Beaufschlagung abhängt und den Ventilationsverlusten zum Teil Rechnung trägt. Diese sind um so größer, je geringer die Beaufschlagung ist, daher wird bei der Füllungsregelung unter sonst gleichen Umständen in der ersten Stufe, für die meist nur eine Veränderung der Beaufschlagung in Frage kommt, β einen höheren Wert besitzen als bei der Drosselregelung, bei der die Beaufschlagung nicht geändert wird.

Aus Vorstehendem folgt, daß der innere mechanische Wirkungsgrad der Turbine, d. i. das Verhältnis der Leistung an der Radnabe zur Leistung am Radumfang $= \frac{N_i}{N_u}$ bei der Drosselregelung höher ist als bei der Füllungsregelung. Doch ist der Einfluß der Radreibung und Ventilation auf den Dampfverbrauch pro PS/Std. selbst bei normalen Kondensationsturbinen ($E/G = 0$) nicht so groß, daß die Drosselregelung der Füllungsregelung hinsichtlich Ökonomie als gleichwertig zu betrachten wäre; deshalb sind auch alle neueren Turbinen, die reinen Aktionsturbinen ohne Geschwindigkeitsstufen und die reinen Überdruckturbinen ausgenommen, mit Düsen ausgestattet, die bei sinkender und sehr unregelmäßiger Belastung entweder durch den Regulator, bei konstanteren Betriebsverhältnissen von Hand abgeschaltet werden können, was dem Vorgang der Füllungsregelung entspricht.

Bei der reinen Überdruckturbine verbietet sich die Ausführung der Füllungsregelung aus konstruktiven Rücksichten. Wegen der stets nötigen vollen Beaufschlagung dieser Turbinengattung müßte die Querschnittsänderung durch eine Veränderung der Schaufellängen zustande kommen.

2. Dampf- und Wärmeverbrauch für die Leistungseinheit an der Radnabe bzw. Turbinenwelle.

Aus Vorstehendem erhellt, daß nicht der Dampfverbrauch für die Leistungseinheit am Radumfang, sondern der Dampfverbrauch für die Leistung an der Radnabe, bzw. unter Beachtung der als konstant vorausgesetzten Leerlaufsarbeit, für die Effektivleistung die maßgebende Größe ist, wenn es sich darum handelt, einen richtigen Vergleich hinsichtlich der Wirtschaftlichkeit der betrachteten Regelungsarten zu ziehen.

Unserer bisherigen Darstellung kann der Dampfverbrauch für eine Nutzpferdekraft nicht ohne weiteres entnommen werden. Jeder Leistung am Radumfang entspricht aber bei einer bestimmten Entnahme eine im J—S-Diagramm bekannte Zustandsänderung, die bei sonst gleichen Umständen durch Leistung und Höhe der Entnahme allein eindeutig festgelegt ist. Liegen somit über die Größe des Koeffizienten β Erfahrungszahlen vor, so macht es keine Schwierigkeiten, zu irgendeiner Leistung am Radumfang bei gegebener Entnahme in kg/Std., die effektive Leistung zu bestimmen, wenn man Nebenumstände wie Undichtheit usw., zunächst als von untergeordneter Bedeutung, unberücksichtigt läßt.

Zur Erläuterung des einzuschlagenden Weges greifen wir wieder zu unserem Zahlenbeispiel zurück. Wir setzen voraus, daß die Turbine 3000 Umdrehungen pro Minute macht; der Durchmesser des zweikränzigen Curtisrades, das den Hochdruckteil der Turbine bildet, sei 1000 mm, der der folgenden sechs Aktionsräder je 900 mm, so daß u_{Curt} zu 157,2 m/Sek.; u_{Akt} zu 141,3 m/Sek. sich ergibt. Vom Einfluß der Beaufschlagungsziffer auf den Wert von β in der Radreibungsformel von Stodola wollen wir seiner Unsicherheit wegen (Jasinsky, Forschungsarbeiten d. V. d. I., Heft 67) Abstand nehmen, wir setzen ihn für das Curtisrad zu 6, für die Aktionsräder in Anlehnung an praktische Werte zu 4 und als konstant voraus.

Ist die Entnahme z. B. $E = 2000$ kg/Std., so setzt sich, wenn wir die Verhältnisse bei Füllungsregelung im Hochdruckteil zunächst betrachten, die ganze Radreibungsarbeit aus zwei Beträgen zusammen, aus der Radreibungsarbeit des Hochdruckteiles und aus der des Niederdruckteiles der Turbine. Erstere ist, wie die Betrachtung der Zustandsänderung im J—S-Diagramm lehrt, von der Belastung unabhängig, wenn wir hier und in der Folge unter Belastung ganz allgemein die Leistung in PS und die Entnahme in kg/Std. in ihrem wechselseitigen Verhältnis verstehen. Die Radreibungsarbeit im Niederdruckteil der Turbine hängt aber in beträchtlichem Maße von dieser Belastung ab.

$$N_{r_{\text{I}}} = \frac{\beta_{\text{I}}}{10^6} D_{\text{I}}^2 \cdot u_{\text{I}}^3 \cdot \gamma_{\text{I}},$$

wobei γ_{I} das spezifische Gewicht des Dampfes darstellt, in dem das Laufrad rotiert. Mit Hilfe des Wirkungsgrades erhalten wir auf der Linie $p_e = 2$ Atm. abs. den Zustand des Dampfes nach dem Curtisrad. Betrachten wir diesen Zustand als identisch mit dem des Dampfes, in dem das Laufrad rotiert, was ja, wegen der in der Schauflung auftretenden Verluste an kinetischer Energie, die sich in Wärme umsetzen und die den Wärmeinhalt n a c h dem Curtisrad vermehren, nur näherungsweise, praktisch aber mit genügender Genauigkeit zutrifft, so ist der Wert von γ_{I} bekannt und

$$N_{r_{\text{I}}} = C_{\text{I}} \cdot \gamma_{\text{I}}.$$

C_{I} ergibt sich mit den für das Zahlenbeispiel vorausgesetzten Annahmen zu 23,3 und γ zu 0,965 kg/cbm, also $N_{r_{\mathrm{I}}} = 22{,}5$ PS.

Analog ist
$$N_{r_{\mathrm{II}}} = \frac{\beta_{\mathrm{II}}}{10^6} \cdot D_{\mathrm{II}}^2 \cdot u_{\mathrm{II}}^3 \cdot \sum_{\text{Stufe 1}}^{\text{Stufe 6}} \gamma_{\mathrm{II}}$$

$\sum_{\text{Stufe 1}}^{\text{Stufe 6}} \gamma_{\mathrm{II}}$ hängt von der Aufteilung des Wärmegefälles auf den Niederdruckteil ab. Die Aufteilung muß beim Entwurf der Turbine angenommen werden, ist also, wie das damit im Zusammenhang stehende $\Sigma\gamma_{\mathrm{II}}$ als gegeben zu betrachten. Nehmen wir beispielsweise an, daß im Fall der größten durch den Niederdruckteil gehenden, also der ungedrosselten Dampfmenge (wenn der Druck vor dem ersten Niederdruckleitrad 2 Atm. abs. beträgt) die Verteilung des verbleibenden Teilgefälles auf alle 6 Stufen gleich erfolgt, so sind die angenäherten Zustandspunkte des Dampfes nach jeder Stufe im J—S-Diagramm als gegeben zu betrachten, und zwar als Teilpunkte der Strecke A—B (Fig. 76), zunächst allerdings nur für den Fall der ungedrosselten Dampfströmung durch den Niederdruckteil der Turbine.

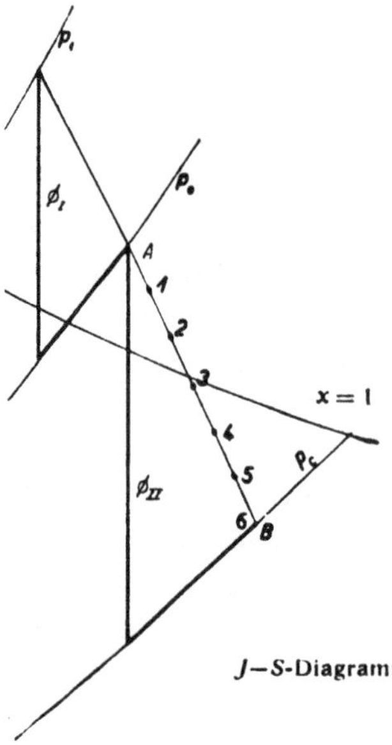

J—S-Diagramm

Fig. 76.

Erfolgt, wie vorausgesetzt, bei Änderung der Belastung die damit verbundene Änderung des Dampfzustandes vor dem ersten Niederdruckleitrad auf einer Kurve konstanter Erzeugungswärme, so ist nach den Untersuchungen von Dr. Bär und Dr. Loschge, auf die in dieser Arbeit schon verwiesen wurde, bei dieser Regelungsweise auch die Zustandsänderung in den übrigen Stufen der Turbine bei gedrosseltem Druck annähernd bekannt. Bei der Konstanz des Wirkungsgrades am Radumfang bei Belastungsänderungen, ersterer bezogen auf den Zustand des Dampfes vor dem ersten Niederdruckleitrad, liegen die Zustandspunkte im J—S-Diagramm (bei verschiedenen Drücken vor dem ersten Niederdruckleitrad) einerseits auf annähernd äquidistanten Linien und anderseits, mit Ausnahme der letzten Stufen, auf Drosselkurven. Ihre Lage im J—S-Diagramm ist sonach bekannt, damit auch der Wert von $\Sigma\gamma_{\mathrm{II}}$ für verschiedene Belastungen.

Die Berechnung des Wertes $\Sigma \gamma_{II}$ bietet sonach keine Schwierigkeiten, ist aber immerhin umständlich, wenn der Niederdruckteil mehrere Stufen besitzt, und es wird in der Folge versucht, die Berechnung durch ein Näherungsverfahren zu vereinfachen.

Die Radreibungsarbeit im Niederdruckteil ist:

$$N_{r_{II}} = C_{II} \cdot \sum_1^6 \gamma_{II} = 9{,}15 \cdot \sum_1^6 \gamma_{II},$$

also direkt proportional der Summe:

$$\gamma_{II_1} + \gamma_{II_2} + \cdots$$

Bildet man in einem gegebenen Fall, z. B. bei Vollbelastung des Niederdruckteiles ($p_2'' = p_e$), die Verhältnisse:

$$\gamma_{II_1}/\gamma_{II_2} = m_1; \quad \gamma_{II_2}/\gamma_{II_3} = m_2 \text{ usw.},$$

so ist

$$\gamma_{II_1} + \gamma_{II_2} + \cdots = \sum_1^6 \gamma_{II} = \gamma_{II_1}\left(1 + \frac{1}{m_1} + \frac{1}{m_1 \cdot m_2} + \cdots\right) = \text{konst} \cdot \gamma_{II_1}.$$

Es zeigt sich zahlenmäßig, daß bei einer Entlastung des Niederdruckteiles auch für die neue Zustandsänderung die Beziehung Geltung hat:

$$\left(\sum_1^6 \gamma_{II}\right)' = \text{konst} \cdot \gamma_{II1}',$$

in der in größter Annäherung die Konstante denselben Wert besitzt, wie bei Vollbelastung. Die Größe der Konstanten folgt aus Vorstehendem zu:

$$\text{Konst} = \frac{\sum_1^6 \gamma_{II}}{\gamma_{II_1}}.$$

Daß die Größe der Konstanten bei voller und bei teilweiser Belastung des Niederdruckteiles der Turbine von nahezu gleichem Betrage ist, folgt aus der Eigenart der Gefällsverteilung bei Teilbelastung im Vergleich zu der bei Vollast. Wie in den Untersuchungen von Dr. Bär und Dr. Loschge ausführlich erörtert, ist, auf unseren Fall angewandt, bei Drosselregulierung in den ersten Stufen des Niederdruckteiles fast keine Änderung in der Größe der verarbeiteten Stufengefälle zu erwarten; vielmehr arbeiten nur die allerletzten Stufen bei zunehmender Entlastung mit abnehmendem Gefälle. Wegen ihrer Lage am Kondensatorende rotieren deren Laufräder in Dampf von sehr geringer Dichte, und ihr Beitrag zur Gesamtradreibungsarbeit ist daher gering, so daß nur die ersten Niederdruckstufen die Radreibungsarbeit entscheidend beeinflussen.

Bei gleichen verarbeiteten adiabatischen Stufengefällen besteht nun für das in Frage kommende Gebiet im J—S-Diagramm, folgend aus den physikalischen Daten des Wasserdampfes, nahezu Proportionalität zwischen entsprechenden Werten von γ nach jeder der ersten Niederdruckstufen, d. h., es ist

$$\left(\frac{\gamma_{II_1}}{\gamma_{II_2}}\right)' \cong \left(\frac{\gamma_{II_1}}{\gamma_{II_2}}\right) = m_1; \quad \left(\frac{\gamma_{II_2}}{\gamma_{II_3}}\right)' \cong \left(\frac{\gamma_{II_2}}{\gamma_{II_3}}\right) = m_2, \text{ usw.}$$

Die Radreibungsarbeit des Niederdruckteiles ist für irgendeinen Belastungsfall direkt proportional dem Wert $\sum\limits_1^6 \gamma_{II}$ oder auch, nach Vorausgehendem, annähernd proportional dem spezifischen Gewicht des Dampfes vor dem ersten Niederdruckleitrad.

Die bisherigen Überlegungen gelten, soweit sie den Niederdruckteil betreffen, für beide Regelungsarten. Angewandt auf die Füllungs-Drosselungs-Regelung, die, wie das J—S-Diagramm zeigt (Fig. 71), bei allen Belastungen den Dampfzustand vor dem ersten Niederdruckleitrad auf einer Kurve $i =$ konst. liegend ergibt, zeigt sich ein weiterer vereinfachender Umstand.

Denken wir uns, was fast durchwegs der Fall ist, die Drosselkurve, die den Beginn der Zustandsänderung des Dampfes für den Niederdruckteil enthält, ganz im Überhitzungsgebiet verlaufend, so befolgt, wie aus der Thermodynamik bekannt, die Drosselkurve $i =$ konst in größter Annäherung auch das Gesetz:

$$p \cdot v = \text{konst.}$$

oder

$$\frac{p}{\gamma} = \text{konst}; \ \gamma = \text{konst} \cdot p.$$

Es besteht auf der Drosselkurve ein linearer Zusammenhang zwischen dem spezifischen Gewicht des Dampfes und dem absoluten Druck, es ist also die Radreibungsarbeit proportional dem Druck vor dem ersten Niederdruckleitrad und damit der durch den Niederdruckteil der Turbine gehenden Dampfmenge. Ihr Verlauf, abhängig von der der Turbine zuströmenden Dampfmenge, wird, unter Beachtung des Maßstabes, durch dieselbe Kurve zur Darstellung gebracht, die den Verlauf der durch den Niederdruckteil strömenden Dampfmenge zeigt.

Aus Vorstehendem folgt die Möglichkeit, sich für jede Belastung, bei beiden Reguliermethoden, über die Größe der Radreibungsarbeit zu orientieren und die sogenannte i n d i z i e r t e Leistung der Turbine zu berechnen.

Um zur Effektivleistung zu gelangen, ist noch die Leerlaufsarbeit der Turbine, hervorgerufen durch Stopfbüchsen-, Lagerreibung, Ölpumpen-, Regulatorantrieb usw., in Abzug zu bringen. Im Gegensatz zu Kolbenmaschinen ist diese, solange die Tourenzahl konstant bleibt, eine für alle Belastungen praktisch unveränderliche Größe.

Die Radreibung für den Hochdruckteil fand sich als konstante Größe zu 22,5 PS. Betrachten wir beispielsweise den Belastungsfall: 1000 PS_u und 2000 kg/Std. Dampfentnahme, so ergibt sich dafür aus dem Diagramm Fig. 73 der Druck vor dem ersten Niederdruckleitrad zu 1,7 Atm. abs. Bei 2 Atm. abs. ist die Größe der Radreibungsarbeit im Niederdruckteil der Turbine:

$$N_{r_{II}} = 9{,}15 \cdot \sum_{1}^{6} \gamma = 9{,}15 \cdot 1{,}527 = 14 \text{ PS},$$

sonach bei 1,7 Atm. abs.:

$$N_{r_{II}} = 14 \cdot \frac{1{,}7}{2} = 11{,}9 \text{ PS},$$

$$N_{r_I} + N_{r_{II}} = 22{,}5 + 11{,}9 = 34{,}4 \text{ PS}$$

und

$$N_i = 1000 - 34{,}4 = 965{,}6 \text{ PS}.$$

Rechnet man für die Leerlaufsarbeit schätzungsweise rund 2% der Leistung am Radumfang, so ergibt sich damit die Effektivleistung der Turbine zu

$$N_e = 945{,}6 \text{ PS}.$$

In gleicher Weise läßt sich für beliebige andere Belastungsfälle aus Fig. 66 bzw. 72 die Effektivleistung bestimmen.

Trägt man in einem Koordinatensystem mit N_e als Abszisse für konstante Entnahme die Werte für den Dampfverbrauch pro PS_e/Std. der Kraftheizungsanlage als Ordinaten auf, so läßt diese Darstellungsweise (Fig. 77) den Vorteil der Füllungs-Drossel-Regulierung gegenüber der reinen Drosselregulierung vor Augen treten.

Für beide Regelungsarten im Hochdruckteil ergeben sich bei einer Entnahme von 2000 kg/Std. zu Leistungen am Radumfang von:

PS_u =	1000	750	500	250	Werte für die Effektivleistung
von PS_e:	945,6	700,7	454,3	205,9,	bei Füllungsregelung
	947,8	700,9	454,0	207,5	» Drosselregelung;

man erkennt aus diesen Zahlen, daß bei der kombinierten Entnahmeturbine mit Konstanthaltung des Entnahmedruckes durch Drosselung der Niederdruckdampfmenge die Regulierungsart für unser Beispiel hinsichtlich der Größe der Radreibungsarbeit praktisch keine Rolle spielt, so daß der Vorteil der Füllungsregulierung gegenüber der Drosselregulierung in höherem Maße in die Erscheinung tritt als bei der Turbine gleicher Gattung in ihrer Bauart als normale Kondensationsturbine. Die Ursache dieser Erscheinung ist im Verlauf der Zustandsänderung begründet; sie des weiteren klarzulegen, soll hier, als zu weitgehend, nicht untersucht werden.

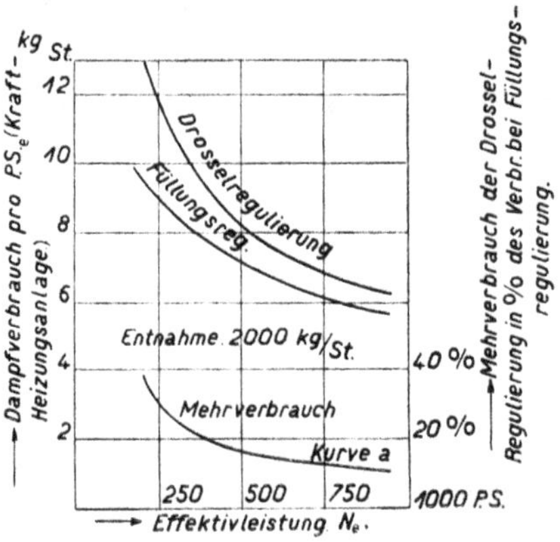

Fig. 77.

Bei der Beurteilung der Wirtschaftlichkeit beider Regulierverfahren ist noch zu beachten, daß unter gleichen Belastungsverhältnissen der Entnahmedampf pro kg bei ausschließlicher Drosselregulierung einen anderen Wärmeinhalt besitzt als bei Füllungsregulierung im Hochdruckteil; man muß deshalb, um eine richtige Vergleichsbasis zu gewinnen, die Untersuchungen durchführen für gleiche Leistung einerseits und gleiche Heizdampfabwärme anderseits.

Bei der Füllungsregelung ist der Wärmeinhalt von 1 kg Dampf nach der Hochdrucksstufe annähernd gleichbleibend, sonach die Abwärme direkt proportional der Entnahmedampfmenge in kg pro Stunde; anders bei der Drosselregelung, bei dieser liegt im J—S-Diagramm der Punkt, welcher den Zustand des Heizdampfes kennzeichnet, zwar immer auf der Linie $p_e =$ konst., verschiebt sich aber, je nach der Belastung, längs dieser Isobare, so daß der Wärmeinhalt pro kg des in die Heizung entströmenden Dampfes keine konstante Größe ist, wie bei der Füllungsregelung.

Zur Durchführung des Vergleiches hinsichtlich der Wirtschaftlichkeit von Füllungs- und Drosselregelung bei Turbinen mit Dampfentnahme wird man sich, analog wie früher die Dampfmenge E, abhängig vom Druck vor dem ersten Hochdruckleitrad bzw. der durch den Hochdruckteil strömenden Dampfmenge, die in die Heizung abgehende Wärme W_E auftragen. Bei Füllungsregelung ist diese proportional der Dampfmenge E, wird also bei konstanter Leistung am Radumfang von z. B. 1000 PS, unter Beachtung des Maßstabes, durch die Kurve E zur Darstellung gebracht. Für Drosselregelung ergeben sich aus Zahlentafel I die Positionen 1 bis 3 nach Früherem, die Pos. 4, den wechselnden Wärmeinhalt des Heizdampfes darstellend, findet sich aus dem J—S-Diagramm und in Anlehnung an die Darstellungsweise für die Füllungsregelung, bei der die E- und W_E-Kurven zusammenfallen, erhält man Pos. 5, einen Wert, den man als reduzierte Dampfentnahme bezeichnen kann.

Zahlentafel I.

Pos.								
1.	p_1'	=	5,71	6	7	8	10	13
2.	p_2''	=	2	1,94	1,74	1,55	1,074	0,06
3.	E	=	0	402	1765	3107	6025	11 300
4.	i_E	=	694,4	693	688,6	685	678,7	673
5.	E_{red}	=	0	414	1807	3160	6080	11 300
6.	$\frac{E_{red} - E}{E}$	=	0	2,98	2,34	1,71	0,91	0

Die Reduktion bezieht sich auf Dampf von konstantem Wärmeinhalt, der gleich dem bei Füllungsregelung ist, in unserem Fall also 673 Kal. beträgt. Es ist

$$E_{red} = E \frac{i_E}{673}.$$

Man erkennt aus Pos. 6, daß die prozentualen Abweichungen des Wertes E_{red} vom Werte E im Maximum 3% betragen, also relativ klein sind.

Außer der Kurve für E ergibt sich bei Drosselregulierung im Hoch- und Niederdruckteil noch eine solche für E_{red}. Bei der Füllungsregelung im Hochdruckteil fallen beide Kurven zusammen.

Stellt man nun die Frage: Wie groß ist der Dampfverbrauch pro Nutzpferdekraft der kombinierten Anlage bei gleicher Effektivleistung und gleicher reduzierter Dampfentnahme E in kg/Std.?, so bekommt man ein richtiges Bild von der Wirtschaftlichkeit beider Regelverfahren. Die wirklichen Entnahmemengen sind dabei aus der Darstellung ohne weiteres zu entnehmen, sie fallen bei gleicher reduzierter Entnahme bei Drosselregelung nach Vorausgehendem etwas kleiner aus als bei reiner Füllungsregelung. Praktisch fallen in der Darstellung die Kurven für E_{red} und E wegen der prozentual kleinen Unterschiede, die zwischen beiden Werten bestehen, auch bei Drosselregelung nahezu zusammen, so daß, mit Rücksicht auf die Unsicherheiten, die in der Annahme verschiedener Rechnungsgrößen (Geschwindigkeitskoeffizienten, β usw.) stecken, es gerechtfertigt erscheint, von dem Unterschied der Werte von E_{red} und E ganz abzusehen, so daß Fig. 77 für einen speziellen Fall ein annähernd richtiges Bild gibt für den Vergleich der Wirtschaftlichkeit beider Regelungsarten.

Besonders deutlich läßt die Kurve, welche den prozentualen Mehrverbrauch bei Drosselregelung im Hoch- und Niederdruckteil gegenüber Füllungsregelung im Hochdruckteil zeigt, die Überlegenheit der Füllungsregelung erkennen, allerdings mit der noch bestehenden Einschränkung, daß die Entlastung der Turbine bei Drosselregulierung im Hochdruckteil nicht zu weit getrieben wird, damit die Annahme, daß der Wirkungsgrad des Hochdruckteiles, der für den vorausgesetzten Fall durch e i n Curtisrad gebildet wird, als wenig veränderlich gelten kann, richtig ist.

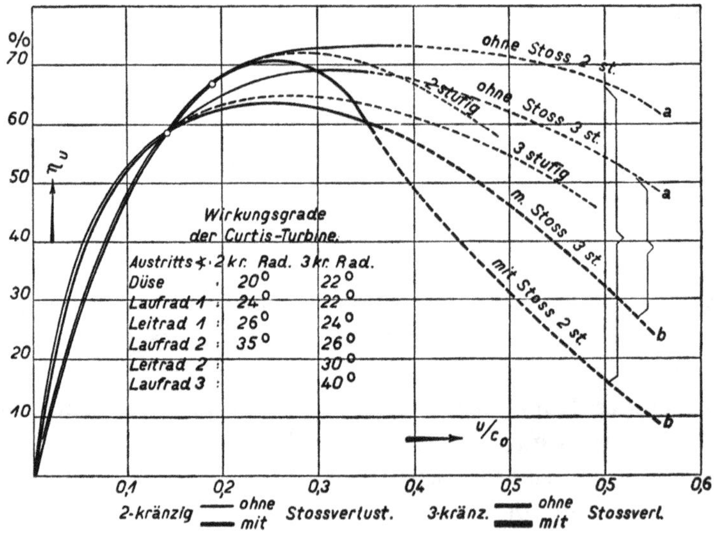

Fig. 78.

	2-kr. Rad	3-kr. Rad
Düsenkoeffizient φ	0,95	0,95
Schaufelkoeffizient ψ	0,88	0,86.

Besteht der Hochdruckteil aus mehreren Stufen, so trifft nach den Untersuchungen von Dr. Bär und Dr. Loschge die Konstanz des Wirkungsgrades bei Entlastung um so besser zu, je mehr Stufen der Hochdruckteil enthält, während die Konstanz bei nur einer Stufe am kleinsten ist.

Gegebenenfalls steht der rechnerischen Behandlung bei Voraussetzung eines bekannt veränderlichen Hochdruckstufen-Wirkungsgrades aber nichts entgegen. Besteht die Hochdruckstufe, wie in unserem Beispiel aus einem zweikränzigen Curtisrad, so kann man dessen Wirkungsgradkurve, abhängig von u/c_0 oder u/c_1 als bekannt voraussetzen. Unter der Annahme, daß $\varphi = 0{,}95$ und $\psi = 0{,}88$, ergab die Untersuchung eines derartigen Rades die in Fig. 78 zur Darstellung gebrachten Kurven, und zwar ohne bzw. mit Berücksichtigung des Stoßverlustes. Die Schaufelwinkel sind so gewählt, daß das Rad bei einem Verhältnis u/c_0 dem Dampf stoßfreien Durchtritt gewährt. Die Berücksichtigung des Stoßverlustes, analog wie bei Wasserturbinen, auf dem von Dr. Loschge auch für Dampfturbinen angenommenen Wege dürfte den Wirkungsgrad, abhängig von u/c_0, als etwas zu ungünstig erscheinen lassen, in Wirklichkeit wird die Wirkungsradkurve wie in Fig. 78 angedeutet, zwischen den Kurven *a* und *b* verlaufen, welch letztere die Grenzwerte darstellen.

Man erkennt, daß es einen verhältnismäßig großen Bereich für u/c_0 gibt, innerhalb dessen die Änderung von η_u sehr klein ist. Von $u/c_0 = 0{,}22$ bis $u/c_0 = 0{,}35$ ändert sich im vorliegenden Fall η_u nur von 70 bis 71%; nun entspricht in unserem Beispiel einem Druck vor der ersten Hochdruckstufe von:

	13	10	8	6	5	4 Atm. abs.
ein Wert u/c_0 von	0,178	0,189	0,205	0,224	0,243	0,276.

Die Änderung des Wertes u/c_0 für diese weitgehende Entlastung reicht also von rund 0,18 bis 0,276; für etwas engere Grenzen läßt sich sonach mit einem annähernd konstant bleibenden η_u rechnen; d. h., es besteht die Möglichkeit, für bestimmte Entnahmegrenzen das Curtisrad mit nahezu gleichbleibendem η_u zu bauen.

Wie schon angedeutet, bietet aber bei einer gegebenen Form der Wirkungsgradkurve auch die Annahme eines veränderlichen Hochdruckstufenwirkungsgrades der rechnerischen Behandlung keinerlei Schwierigkeiten. Der geometrische Ort für $A\,L_u$ in Fig. 62 bekommt dann das punktiert eingezeichnete Aussehen unter der Annahme, daß man sich bei $p' = 13$ Atm. abs. mit η_u noch auf dem ansteigenden Ast der Wirkungsgradskurve befindet. Die für ein dreikränziges Rad gezeichnete Wirkungsgradskurve zeigt innerhalb eines noch größeren Bereiches von u/c_0 als das zweikränzige Rad eine weitgehende Konstanz.

Die Kurve *a* in Fig. 77 zeigt für den bestimmten Fall konstanter Entnahme bei veränderlicher Nutzleistung den Mehrverbrauch an

Dampf pro PS_e/Std. bei der Drosselregelung gegenüber der Füllungsregelung. Man erkennt, daß mit steigender Belastung dieser Unterschied geringer wird, immerhin aber, selbst bei großen Werten von N_e, noch von erheblichem Betrage ist. Der Unterschied wird um so kleiner, je größer die Gesamtbelastung wird, d. h. je mehr Heizdampfmenge und Leistung zusammen zunehmen oder je mehr der Druck vor dem ersten Turbinenleitrad ansteigt, je kleiner der Gefällsverlust durch die Drosselung wird. Aus letztgenanntem Grunde wird der Unterschied zwischen Drossel- und Füllungsregelung auch dann kleiner, wenn die Bemessung der Querschnitte im Hochdruckteil für eine normale Belastung erfolgen kann, für die der Druck vor dem ersten Hochdruckleitrad $\cong$ dem Druck vor der Turbine ist. Wird in gewissen Zeiten dann mehr Dampf gebraucht, ohne daß bei einer derartig bemessenen Turbine die Leistung zurückgehen soll, dann wird man diesen Dampf anderweitig beschaffen und dafür den Vorteil haben, daß man bei der vorherrschenden normalen Belastung mit einer baulich einfachen Regelung auskommt, ohne an Wirtschaftlichkeit Einbuße zu erleiden.

Die Füllungsregelung behebt diese Einschränkung zum Teil und gewährleistet deshalb für eine in großen Grenzen schwankende Belastung eine größere Wirtschaftlichkeit. Ganz beseitigen kann sie aber die Mängel nicht, die mit der Forderung der größtmöglichen Bewegungsfreiheit hinsichtlich der Höhe der Entnahme bei gleicher maximaler Leistung und den daraus folgenden großen Querschnitten im Hochdruckteil der Turbine bei normaler Belastung verbunden sind. Die Füllungsregelung beseitigt den Gefällsverlust durch Drosselung im Hochdruckteil, dagegen vergrößert sie den Ventilationsverlust der ersten Hochdrucksstufe, indem sie deren Beaufschlagung stark verringert. Es ist deshalb auch bei Füllungsregelung eine Beschränkung der Entnahmegrenzen von Vorteil.

Bemerkenswert ist noch, daß, wie das J—S-Diagramm zeigt, bei Füllungsregelung im Hochdruckteil, bei gleicher Belastung der Turbine, das im Niederdruckteil zur Verfügung stehende adiabatische Gefälle kleiner ist, als wenn der Hochdruckteil mit Drosselregelung arbeitet, was zum Teil darin begründet ist, daß, bei Drosselregelung im Hochdruckteil, der Dampf im Niederdruckteil höhere Entropiewerte besitzt als im Fall der Füllungsregelung, und daß das adiabatische Gefälle zwischen zwei Isobaren mit der Entropie wächst. Bei geringer Entlastung liegen die Punkte für den Dampfzustand vor der Niederdruckstufe für beide Regelungsarten nahezu auf Isobaren, während mit zunehmender Entlastung bei Füllungsregelung der Dampf mit niedrigerem Druck durch den Niederdruckteil strömt als bei Drosselregelung, wie für einen gegebenen Fall nachstehende Zahlenreihe zeigt:

Entnahme: 2000 kg/Std.

	Füllungsregelung.				Drosselregelung.			
$N_u =$	1000	750	500	250	1000	750	500	250
$p_2 =$	1,7	1,25	0,77	0,23	1,7	1,35	0,95	0,52
$\Phi_{II} =$	123,7	113,7	97,7	56,4	128,3	122	113	95,5

Der Nachteil der Gefällsverminderung im Hochdruckteil durch die Drosselregelung wird sonach, gegenüber der Füllungsregelung, im Niederdruckteile teilweise wieder ausgeglichen, d. h. Füllungsregelung im Hochdruckteil hat im Niederdruckteil einen größeren Gefällsverlust zur Folge als Drosselregelung.

d) Bestimmung der Dampfentnahme aus Druck- und Temperaturbeobachtungen.

Die Bestimmung beruht auf der Annahme der Gültigkeit des Erfahrungssatzes von der Proportionalität zwischen Dampfaufnahme einer Turbine und dem Druck vor dem ersten Leitrad. Der rechnerische Nachweis der Gültigkeit des Gesetzes wurde schon von Dr. Deinlein[1]) erbracht, für den Fall, daß die Zustandswerte des Dampfes vor der Turbine konstant bleiben, im Falle der reinen Drosselregelung die Druckänderung vor dem ersten Leitrad, also auf einer Drosselkurve $i =$ konst. erfolgt, für die im überhitzten Gebiet, in dem diese Zustandsänderungen ausnahmslos vor sich gehen, auch das Gesetz $p \cdot v =$ konst. in größter Annäherung Geltung hat.

Für den Hochdruckteil von Betriebsturbinen, seien sie nun mit reiner Drosselregelung oder gemischter Regelung, d. h. mit abschaltbaren Düsen, ausgestattet, besitzt das Gesetz strenge Gültigkeit, solange man, mit Rücksicht auf die Wirtschaftlichkeit, bestrebt ist, Dampf konstanter Qualität vor der Turbine zu haben.

Für den Niederdruckteil trifft das Proportionalitätsgesetz in seiner allgemeinen Fassung bei Drosselregelung im Hochdruckteil nur angenähert zu, da die strenge Gültigkeit zur Voraussetzung hat, daß das Produkt aus dem absoluten Druck und dem spezifischen Volumen des Dampfes vor dem ersten Niederdruckleitrad eine konstante Größe ist. Dies ist, wie bereits erwähnt, nur auf einer Drossel-

[1]) Dr. Deinlein, Zur Dampfturbinen-Theorie. Oldenbourg 1909.

kurve der Fall. Nur für reine Füllungsregelung des Hochdruckteiles gilt das Gesetz streng auch für den Niederdruckteil, wie ein Blick auf das J—S-Diagramm (Fig. 71) erkennen läßt, welches zeigt, daß der geometrische Ort für den Dampfzustand vor dem ersten Niederdruckleitrad eine Kurve konstanter Erzeugungswärme ist, für die das Gesetz $p \cdot v =$ konst. Geltung hat, solange man von der Veränderlichkeit des Hochdruckwirkungsgrades infolge wechselnder Beaufschlagung absieht.

Ist bei einem Druck p_1 vor dem ersten Hochdruckleitrad und einer Temperatur t_1 z. B. die durch den Hochdruckteil der Turbine gehende Dampfmenge G_I, die entweder aus den Abmessungen der Turbine, besser aber durch Versuche sich bestimmen läßt, so gilt nach Zeuner die Gleichung:

$$G_I = C_I \frac{p_1}{\sqrt{p_1 \cdot v_1}}.$$

Analog gilt für den Niederdruckteil der Turbine:

$$G_{II} = C_{II} \frac{p_2}{\sqrt{p_2 \cdot v_2}},$$

wenn unter $p_2 v_2$ die Zustandsdaten des Dampfes vor dem ersten Niederdruckleitrad verstanden werden.

Sind die Dampfmengen G_I bzw. G_{II} bekannt, so lassen sich aus vorstehenden Beziehungen die Maschinenkonstanten C_I und C_{II} berechnen. Ändert bei Belastungsänderungen das Produkt $p_1 \cdot v_1$ bzw. $p_2 \cdot v_2$ seinen Wert nicht, so erhalten obige Beziehungen die einfachere Form:

$$G_I = C_I' \cdot p_1 \text{ bzw. } G_{II} = C_{II}' p_2.$$

In Anwendung des Vorstehenden auf die Anzapfturbine zur Bestimmung der Heizdampfmenge haben wir zu unterscheiden zwischen Füllungs- und Drosselregelung im Hochdruckteil.

1. Drosselregelung.

Bei dieser gilt für den Hochdruckteil die Beziehung:

$$G_I = C_I' \cdot p_1,$$

in der C_I' als Maschinenkonstante durch Versuch bestimmt werden kann. Für den Niederdruckteil läßt die Betrachtung des J—S-Diagrammes erkennen, daß die Zustandsänderung des Dampfes vor dem ersten Niederdruckleitrad bei veränderlicher Belastung nicht auf einer Drosselkurve vor sich geht, daß also dort die Beziehung zur Anwendung kommt:

$$G_{II} = C_{II} \frac{p_2}{\sqrt{p_2 \cdot v_2}}.$$

Ist C_{II} wieder durch Versuch bestimmt, so kann durch Beobachtung von Druck und Temperatur der Wert von v_2 nach der Gleichung von Callendar und damit G_{II} gerechnet werden.

Die in die Heizung gehende Dampfmenge ist sonach:

$$E = G_I - G_{II} = C_I' \cdot p_1 - C_{II} \frac{p_2}{\sqrt{p_2 \cdot v_2}};$$

ihre Bestimmung ist durch die Beobachtung der Drücke $p_1\, p_2$ und der Temperatur t_2 ermöglicht.

2. Füllungsregelung.

Diese erfolgt in der Praxis durch Abschalten von Düsen oder Düsengruppen, es ändert deshalb je nach der Zahl offener Düsen die Maschinenkonstante ihren Wert. Die Düsenquerschnitte sind unter sich gewöhnlich gleich. Ist die Gesamtzahl der Düsen z die Zahl der offenen Düsen z_1, dann hat die Maschinenkonstante den Wert:

$$C_{(I)}' = \frac{z_1}{z} \cdot C_I',$$

wenn C_I' wieder durch Versuch bestimmt ist und sich auf den Fall bezieht, in dem sämtliche Düsen offen sind. Nabenverluste treten in der ersten Stufe nicht auf, so daß C_I' direkt proportional dem freigegebenen Düsenquerschnitt ist, was durch vorstehende Gleichung zum Ausdruck kommt.

Es ist sonach:

$$G_I = \frac{z_1}{z} \cdot C'_I \cdot p_1;$$

$$G_{II} = C_{II}' \cdot p_2,$$

nachdem die ganze Zustandsänderung im Niederdruckteil der Turbine auf einer Drosselkurve vor sich geht. Ferner ist:

$$E = \frac{z}{z_1} \cdot C_I' \cdot p_1 - C_{II}' \cdot p_2;$$

die Beobachtungen beschränken sich also im Fall der reinen Füllungsregelung im Hochdruckteil auf zwei Manomerterablesungen p_1 und p_2.

Nun findet sich aber der Fall der reinen Füllungsregelung in der Praxis nicht verwirklicht, sondern man hat es immer mit einer kombinierten Regelung zu tun, die so beschaffen ist, daß bei Entlastung die Verringerung der Dampfmenge zunächst durch Drosselung erfolgt und erst dann durch manuelles bzw. automatisches Abschalten von Düsen, wenn der Unterschied zwischen den beiden Drücken vor und nach dem Drosselventil einen gewissen Betrag erreicht hat. Es liegt dieser Unterschied naturgemäß in engeren Grenzen als bei der reinen Drosselregelung.

Der Wärmeinhalt des Dampfes vor der ersten Niederdruckstufe geht mit abnehmendem Druck vor der ersten Hochdruckstufe etwas in die Höhe (J—S-Diagramm), der Wert $\sqrt{p_2 v_2}$ verändert sonach seine Größe. Diese Änderung ist aber sehr gering, wie nachstehende Zahlenreihe zeigt:

Für $i_2'' =$	670	680	690	700	710
ist: $\sqrt{p_2 v_2} =$	1,435	1,47	1,503	1,536	1,568.

Ändert sich beispielsweise der Drosseldruck vor der Hochdruckstufe in unserem früheren Zahlenbeispiel von 13 bis 10 Atm. abs., so entspricht dieser Änderung eine solche des Wertes i_2 für den Dampfzustand vor dem ersten Niederdruckleitrad von 673 Kal. bis 678,7 Kal. Innerhalb dieses Bereiches ändert sich der Wert von $\sqrt{p_2 v_2}$ um etwa 1,5%, so daß man in gewissen Fällen von einer Berücksichtigung dieser Änderung Abstand nehmen kann.

Für den allgemeinsten Fall, daß sowohl Druck und Temperatur vor der Turbine als auch vor dem Niederdruckteil sich ändern, bleibt die Bestimmung der Heizdampfmenge immer noch möglich nach der allgemein gültigen Beziehung:

$$E = \frac{z_1}{z} \cdot C_{\mathrm{I}} \frac{p_1}{\sqrt{p_1 \cdot v_1}} - C_{\mathrm{II}} \frac{p_2}{\sqrt{p_2 \cdot v_2}},$$

in der die betrachteten Betriebsarten als Sonderfälle enthalten sind.

B. Betrieb ohne automatisches Niederdruck-Regulierventil.

(Drosselventil in der Heizdampfleitung.)

Vorausgesetzt sei für die folgenden Betrachtungen beispielsweise eine mit Drosselregelung ausgestattete mehrstufige Zölly- bzw. Rateauturbine, die je nach der Menge bzw. dem Druck des Heizdampfes mit Anzapfstellen nach verschiedenen Stufen längs der Turbine versehen sein kann. Der Dampf wird nach einer Stufe entnommen, nach der der Druck für den normalen Heizdampfbedarf unter allen Umständen innerhalb eines gewissen Belastungsbereiches über dem Heizungsdruck liegt.

Bevor der Dampf aus der Turbine in die Heizung geht, hat er dann ein Druckminderventil zu durchströmen, das durch Drosselung des Entnahmedampfes den Heizungsdruck auf konstanter Höhe hält. In dem Maße, als die Entnahme zunimmt, nimmt bei sonst gleichbleibenden Verhältnissen der Druck nach der Entnahmestufe und damit die Drosselung durch das Minderventil ab.

Steigt die zu entnehmende Dampfmenge so weit an, daß Gleichheit herrscht zwischen Stufendruck und Heizungsdruck (von Rohrleitungswiderständen usw. abgesehen), so ist damit der Größtwert der Entnahme für die betreffende Stufe erreicht. Falls die Möglichkeit nicht besteht, bei weiterer Steigerung der Heizdampfmenge diese einer der Entnahmestufe vorausgehenden Stufe zu entnehmen, so muß der Mehrbedarf an Heizdampf anderweitig gedeckt werden, andernfalls sinkt der Stufendruck und damit der Druck in der Heizung.

Dampfmenge und Dampfdruck zusammen bestimmen die Stufe, nach der die Entnahme erfolgt, und zwar so, daß mit der Zunahme eines oder beider Bestimmungselemente die Anzapfstelle gegen den Anfang der Turbine hin verschoben wird. Für die Folge setzen wir den Heizungsdruck als konstant voraus, so daß nur die Heizdampfmenge als Veränderliche zu betrachten ist. Jeder Stufe der Turbine ist dann für einen gegebenen Heizungsdruck ein Entnahmemaximum zugeordnet. Ist die Turbine in ihren Schaufelquerschnitten als normale Kondensationsturbine ($E/G = 0$) gebaut, so steigt an der Entnahmestelle der Turbine, zwischen vorgenanntem Größtwert und der Entnahme 0, der Druck vom Heizungsdruck auf den normalen Stufendruck an.

In erster Annäherung läßt sich die größte Entnahme für jede Stufe berechnen. Der Weg, der zu ihrer Bestimmung führt, und die folgenden Erörterungen sollen an dem Beispiel der 16 stufigen Zöllyturbine gezeigt werden, die in der Arbeit von Dr. Loschge bereits zur Untersuchung herangezogen war.

a) $G = 12000$ kg/Std.

1. Reiner Kondensationsbetrieb. $E/G = 0$.

Die Turbine macht 1500 Touren pro Minute und arbeitet bei Vollast mit $G = 12\,000$ kg/Std. Der Druck vor dem Regulierventil ist 13 Atm. abs., die Temperatur 250° C und der Druck im Abdampfstutzen 0,058 Atm. abs. Die ersten 8 Räder besitzen einen Durchmesser von 1380 mm, die letzten 8 einen solchen von 1680 mm. Die Aufteilung des Wärmegefälles bei Vollast ist nach umstehender Zahlentafel vorgenommen und der Verlauf der Zustandsänderung darnach ins J—S-Diagramm (Fig. 79) eingetragen.

Nach der Erfahrung gilt der Satz, daß die durch irgendeine Stufe der Turbine gehende Dampfmenge in sehr großer Annäherung proportional ist dem absoluten Druck vor der betreffenden Stufe.

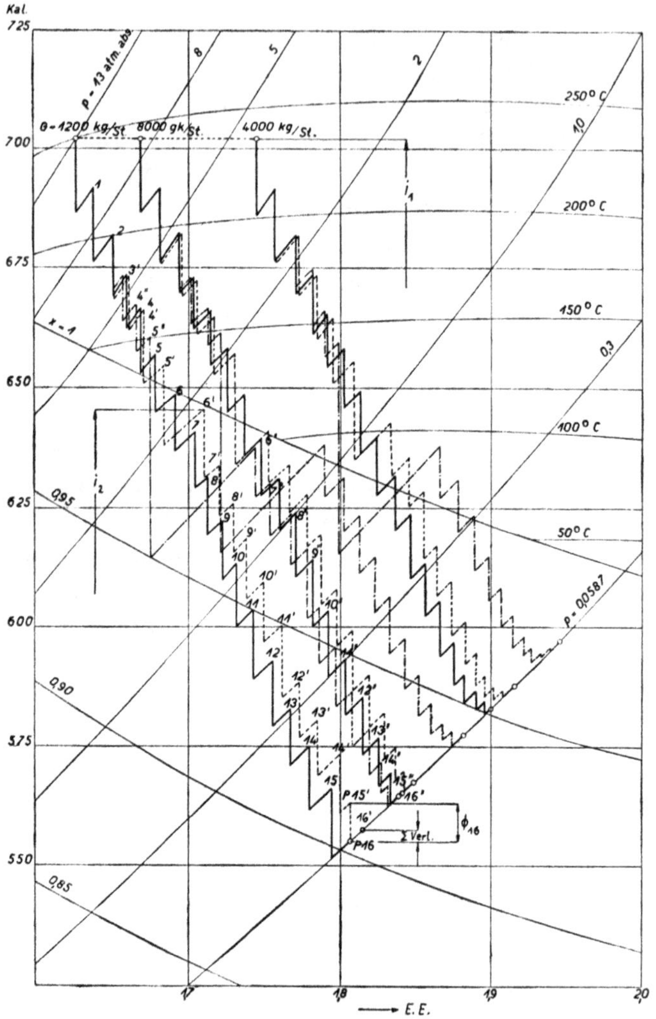

Fig. 79. ***J—S*-Diagramm**

———	**Entnahme:**	**0%**
— — —	„	**25%**
—·—·—	„	**50%.**

Streng richtig ist der Satz, wie schon erwähnt, für den Fall, daß die Druckänderung von irgendeiner Stufe auf einer Kurve $p \cdot v =$ konst. vor sich geht, was im Überhitzungsgebiet dem Fall der reinen Drosselung entspricht. Dr. Loschge (siehe Z. f. d. g. Turb. 1911 S. 194) hat an Hand der Büchnerschen Versuche und weiterer daran geknüpfter Erörterungen gezeigt, daß das Gesetz, allgemein ausgesprochen, Geltung besitzt, wenn man von den Abweichungen absieht, die durch die geringe Veränderlichkeit des Wertes $\sqrt{p \cdot v}$ innerhalb eines gewissen Bereiches bedingt sind.

Zahlentafel II.

Rubrik 1	2	3	4	5	6
Stufe Nr.	Wärmegefälle (Kal.)	(u/c_1)	η_u	Druck v. d. Stufe (p atm. abs.)	Max. Entn. nach Stufe bei $p_e =$ 2 atm. abs.
1	} 15,8	0,317	0,629	13	—
2				9,62	—
3				7,08	—
4				5,42	7570
5	12,37	0,358	0,67	4,18	6260
6				3,2	4500
7				2,4	2400
8				1,78	—
9				1,3	—
10				0,92	—
11				0,645	—
12	13,42	0,419	0,712	0,45	—
13				0,31	—
14				0,208	—
15				0,138	—
16				0,091	—
				0,058 nach Stufe 16.	

Bei Vollast ohne Entnahme gilt für irgendeine Stufe, also auch für die der Entnahmestufe folgende:

$$G \cong C \cdot p,$$

wobei C eine Konstante und p den Druck vor der betreffenden Stufe bedeutet. Sinkt infolge der Dampfentnahme der Druck p auf den Betrag p_e, so gilt für die jetzt durch die Stufe gehende Dampfmenge:

$$G' \cong C \cdot p_e$$

oder:

$$G' \cong G \frac{p_e}{p};$$

sonach ist die maximale Entnahme:

$$E_{max} \cong G - G' \cong G \left(1 - \frac{p_e}{p} \right).$$

In unserem Beispiel ist der Turbine für die Querschnittsbemessung bei Vollast und reinem Kondensationsbetrieb ($E/G = 0$) eine stündliche Dampfmenge von $G = 12\,000$ kg zugrunde gelegt. Wie in der Zahlentafel II die Rubrik 5 erkennen läßt, kommen für die Anzapfstellen nur die Stufen 1 bis 7 in Betracht, wenn der Entnahmedruck nicht unter 2 Atm. abs. liegen soll, da nach Stufe 8 der Druck bereits ohne Entnahme unter 2 Atm. abs. liegt.

Die Berechnung der größten Entnahme E_{max} nach vorstehender Gleichung kann nur solange Anspruch auf ungefähre Richtigkeit haben, als die Veränderlichkeit von $\sqrt{p \cdot v}$ in engen Grenzen bleibt; für die ersten Stufen werden nach der angegebenen Rechnungsweise die Abweichungen von der Wirklichkeit zu groß, weshalb die Bestimmung der maximalen Heizdampfmengen hierfür unterlassen ist.

Die in die Zahlentafel aufgenommenen Werte zeigen, daß es immerhin nach der unter B. angegebenen Methode der Heizdampfentnahme möglich ist, der Turbine nach einer Stufe beträchtliche Dampfmengen zu entziehen.

Zur Anstellung genauer Untersuchungen über das Verhalten der Turbine, wenn wir ihr aus einer bestimmten Stufe eine gewisse veränderliche Dampfmenge entnehmen, müssen wir die dadurch bedingte neue Aufteilung der Wärmegefälle auf die einzelnen Stufen der Turbine im J—S-Diagramm bestimmen.

Die Durchführung der Untersuchung stützt sich auf das von Dr. Loschge (Zeitschr. f. d. ges. Turb. 1911, S. 311 u. f.) angegebene Verfahren, das auch eine Berücksichtigung der Nabenverluste gestattet. Die Berechnung der Leitradquerschnitte mit Berücksichtigung der Spaltdampfmengen macht keine prinzipiellen Schwierigkeiten. Um die folgenden Betrachtungen rechnerisch einfach zu

Stufe Nr.	Leitrad-querschnitt am Austritt F (cm^2)	Stufe Nr.	Leitrad-querschnitt am Austritt F (cm^2)
1	22,5	9	191,8
2	29,15	10	263,2
3	41,46	11	364,5
4	51,6	12	508,5
5	64,5	13	736
6	83,25	14	1073
7	109,2	15	1572
8	145,1	16	2351

gestalten, ist auf eine Berücksichtigung vorgenannter Undichtheitsverluste verzichtet worden und die Berechnung der Leitradquerschnitte in vorstehender Zahlentafel nach der Kontinuitätsbedingung: $G \cdot v = F \cdot c$ erfolgt.

2. Entnahmebetrieb. $E/G = 25\%$.

Die Entnahme erfolge nach Stufe 6.

Das von Dr. Loschge angegebene Verfahren beruht darauf, daß rückwärts, vom Kondensatorende her, aus dem Geschwindigkeitsdiagramm das in jeder Stufe verbrauchte Druck- bzw. Wärmegefälle genau ermittelt werden kann. Der Druck im Abdampfstutzen soll für die Folge der Einfachheit halber wie bei Vollast 0,058 Atm. abs. betragen.

Für den Zustand des Dampfes nach der Turbine, der fast ausnahmslos im Sättigungsgebiet liegt, muß zunächst ein Wert für die spezifische Dampfmenge x angenommen werden, dessen Größe sich nach Gesichtspunkten bestimmt, auf die in der erwähnten Arbeit von Dr. Loschge hingewiesen ist und die später noch angegeben werden. Für vorliegenden Fall erwies sich der Wert $x = 0{,}907$ als richtig. Gegenüber dem Zustand am Austritt aus dem letzten Leitrad besitzt der Dampf am Austritt aus dem letzten Laufrad, d. h. nach der Turbine, wegen des Austrittsverlustes und des Geschwindigkeitsverlustes im Laufrad selbst, eine etwas höhere Erzeugungswärme, wenn man annimmt, daß die Verluste an Energie dem die Schauflung durchströmenden Dampf in Form von Wärme mitgeteilt werden.

Die Größe der Verluste hängt nach den bisherigen Anschauungen in linearer Weise ab von dem Quadrat der auftretenden Geschwindigkeiten, diese vom verarbeiteten Stufengefälle. Da letzteres zunächst unbekannt ist, muß man die Verluste schätzungsweise berücksichtigen. Wir legen dem Dampfzustand nach dem letzten Leitrad der Turbine einen Wert $x = 0{,}905$, entsprechend $v = 22{,}33$ cbm/kg Dampf, statt 0,907 bei und finden damit, unter Vernachlässigung der Undichtheitsverluste, zu der durch den Niederdruckteil der Turbine gehenden Dampfmenge von $G = 9000$ kg/Std. eine absolute Eintrittsgeschwindigkeit ins letzte Laufrad von

$$c_1 = \frac{G}{3600} \cdot \frac{v}{F_{(\mathrm{qm})}} = 237{,}4 \text{ m/sek.}$$

Dieser Geschwindigkeit entspricht ein adiabatisches Gefälle in Stufe 16 von:

$$\Phi_{16} = \frac{A}{2g} \cdot \frac{c_1^2}{1 - \zeta} = 7{,}63 \text{ Kal. } (\zeta = 0{,}12)$$

wenn ζ einen Energieverlustkoeffizienten darstellt, der konstant und unabhängig von der Geschwindigkeit c_1 ist.

Aus dem Diagramm (Fig. 80) bestimmt man die auftretenden Stufengeschwindigkeiten und daraus nach der Arbeitsbilanz die am Radumfang erzeugte Arbeit $A \cdot L_u$.

Entnahme 25 % ($G = 12000$ kg/Std.).
Stufe 16.

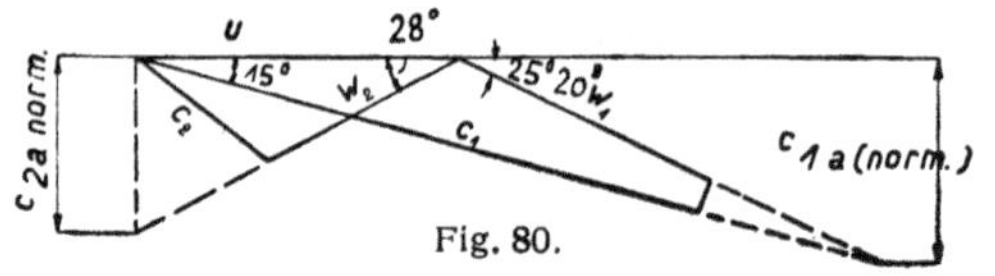

Fig. 80.

$u = 131{,}8$ m/sek.
$c_1 = 237{,}4$ „
$w_1 = 114$ „
$s = 14$ „
$w_2 = 89$ „
$c_2 = 70$ „

Die Energiebilanz ergibt sich für Stufe 16 wie folgt:

Zur Verfügung stehendes Wärmegefälle: $\Phi_{16} = 7{,}63$ Kal.

Hiervon ab:

Leitradverlust: $\zeta \cdot \Phi_{16} = 0{,}12 \cdot 7{,}63 \qquad = 0{,}916$ »

Stoßverlust: $\frac{A}{2g} s^2 \qquad = 0{,}0001193 \cdot 14^2 \qquad = 0{,}0234$ »

Laufradverlust: $\frac{A}{2g} (w_1^2 - w_2^2) = 0{,}0001193 \cdot$
$\cdot (114^2 - 89^2) = 0{,}606$ »

Austrittsverlust: $\frac{A}{2g} c_2^2 \quad = 0{,}0001193 \cdot 70^2 \qquad = 0{,}57$ »

Σ Verluste: 2,115 »

somit:

$$A L_u = \Phi_{16} - \Sigma \text{ Verluste} = 7{,}63 - 2{,}115 = 5{,}515 \text{ Kal.}$$

Man trägt im J—S-Diagramm (Fig. 79) von dem Punkt, welcher $x = 0{,}905$ und $p_c = 0{,}058$ Atm. abs. entspricht, Σ-Verluste vertikal nach abwärts und projiziert den Endpunkt auf die Kurve konstanten Druckes $p_c = 0{,}058$ Atm. abs. Wird von diesem Punkt aus das Stufengefälle

$$\Phi_{16} = 7{,}63 \text{ Kal.}$$

senkrecht nach oben auf der Adiabate abgetragen, so ergibt sich der Punkt P_{15}, der dem Zustand des Dampfes vor Stufe 16 und nach Stufe 15 entspricht.

Durch wiederholte Anwendung des gleichen Verfahrens ermittelt man die in den einzelnen Stufen umgesetzten Wärmegefälle. Die Einzelwerte, die das Auffinden der ganzen Zustandsänderung gestatten, sind in nachstehender Zahlentafel III zusammengestellt. Zu beachten bleibt, daß von Stufe 6 an bis Stufe 1 die Dampfmenge von 9000 auf 12 000 kg/Std. ansteigt. Streng genommen müßte man jede Stufe wegen der Nabenverluste mit einer durch diese bedingten Dampfmenge berechnen und im *J—S*-Diagramm auch noch die durch Mischung von Spalt- und Schauflungsdampf hervorgebrachte Erhöhung der Erzeugungswärme nach jeder Stufe beachten. Die Berücksichtigung dieser Nebenumstände macht keine prinzipiellen Schwierigkeiten, im Interesse einer einfachen Rechnung ist, wie schon erwähnt, in diesen Ausführungen auf sie verzichtet worden.

Wie die Darstellung der neuen Zustandsänderung im *J—S*-Diagramm erkennen läßt und wie die Zahlentafel III zeigt, werden bei der Entlastung des Niederdruckteiles durch die Dampfentnahme, ähnlich der Entlastung einer normalen Turbine, bezüglich der Größe der Stufengefällsänderung, in der Hauptsache die letzten Stufen betroffen. In diesen wird bei Entnahme das Stufengefälle verkleinert, es erreicht aber sehr bald, d. h. schon nach wenigen Stufen, wieder einen Betrag, der von dem bei Vollast nicht sehr verschieden ist. Diese in den letzten Stufen auftretende Verringerung des Gefälls bedingt das gleiche für den ganzen Niederdruckteil.

Der Charakter der Zustandsänderung im Niederdruckteil entspricht dem der normalen Kondensationsturbine bei Entlastung mit dem Unterschied, daß die Zustandspunkte der Einzelstufen bei verschiedenen Entnahmedampfmengen jetzt nicht mehr auf Drosselkurven liegen.

Der Umstand, daß bei Entnahme nur in einigen wenigen Stufen eine Änderung des verarbeiteten Wärmegefälles eintritt, hat zur Folge, daß der Wirkungsgrad am Radumfang im Niederdruckteil der Turbine (Fig. 85) bei nicht zu weitgehender Entlastung desselben, nur in engen Grenzen von der Entnahme abhängig ist. Die Veränderlichkeit wird um so kleiner, je mehr Stufen der Niederdruckteil enthält, je kleiner also von vornherein der Leistungsbetrag ist, der in den letzten Stufen im Verhältnis zum gesamten Leistungsbeitrag des Niederdruckteils entwickelt wird.

Die Verminderung an Gefälle im Niederdruckteil hat eine Vermehrung desselben im Hochdruckteil zur Folge. Es zeigt das *J—S*-Diagramm (Fig. 79) für die letzten Stufen des Hochdruckteiles der

Zahlentafel III.

$G = 12000$ kg/Std.; $E = 3000$ kg/Std. d. h. $E/G = 25\%$.

Stufe	p Atm. abs.	x bez. t^0 C	v cbm/kg	c_1 m/sek	w_1 m/sek	w_2 m/sek	c_2 m/sek	s m/sek	Leitrad-verlust (Kal.)	Laufrad-verlust (Kal.)	Austritts-verlust (Kal.)	Stoß-verlust (Kal.)	Σ-Verluste (Kal.)	Adiab. Stufen-wärmegefälle (Kal.)
	an der Austrittsstelle (Leitrad)													
16	0,058	0,905	22,33	237,4	114	89	70	14	0,916	0,606	0,57	0,0234	2,115	7,63
15	0,075	0,91	17,81	283,2	158,5	123,7	63	—	1,305	1,170	0,474	—	2,949	10,87
14	0,105	0,918	13,11	305,5	181	141,2	67,5	—	1,518	1,534	0,544	—	3,596	12,65
13	0,156	0,9265	9,1	309,5	185	144,3	68	—	1,56	1,602	0,553	—	3,715	13,0
12	0,23	0,936	6,39	314	190	148,4	69,8	—	1,605	1,67	0,582	—	3,857	13,36
11	0,335	0,946	4,54	311,5	186	145	68	—	1,579	1,62	0,553	—	3,752	13,15
10	0,482	0,955	3,26	309,5	185	144,3	68	—	1,56	1,602	0,553	—	3,715	13
9	0,680	0,965	2,39	311	186	145	68	—	1,575	1,618	0,553	—	3,746	13,1
8	0,95	0,975	1,762	303,7	199,6	155,7	78,8	—	1,50	1,867	0,742	—	4,109	12,5
7	1,30	0,984	1,326	303,5	199,6	155,7	78,8	—	1,50	1,867	0,742	—	4,109	12,5
6	1,80	0,989	0,984	394	293	228,5	140	14	2,53	4,028	2,34	0,0234	8,921	21,1
5	2,95	137	0,6344	328	225	175,5	95	—	1,75	2,372	1,078	—	5,2	14,61
4	4,06	158	0,4837	312,5	210	163,8	85	—	1,59	2,069	0,8625	—	4,522	13,25
3	5,4	178	0,382	307,2	205	160	82	—	1,535	1,96	0,803	—	4,298	12,8
2	7,08	193	0,298	341,2	238,4	186	104,5	—	1,895	2,65	1,30	—	5,845	15,8
1	9,62	217	0,23	341,2	238,4	186	104,5	—	1,895	2,65	1,30	—	5,845	15,8

Turbine bezüglich der Gefällsänderung eine analoge Erscheinung wie für die letzten Stufen des Niederdruckteiles; von der Gefällsvermehrung werden in der Hauptsache nur die der Entnahmestelle zunächst liegenden Stufen betroffen, von diesen wieder die letzte in stärkstem Maße.

Im allgemeinen arbeiten die einzelnen Stufen unserer Turbinen wegen baulicher Rücksichten hinsichtlich Stufenzahl und Raddurchmesser, bei normaler Belastung mit Werten von (u/c_1), zu denen Wirkungsgrade gehören, die auf dem ansteigenden Aste der Wirkungsgradkurve liegen. Tritt bei Belastungsänderung in einzelnen Stufen eine Gefällsverminderung ein, so kann der Wirkungsgrad in diesen Stufen und damit der Wirkungsgrad der ganzen Turbine, ersterer bezogen auf den Dampfzustand vor dem ersten Leitrad, je nach dem Grade der Gefällsverminderung größer oder auch kleiner werden als der Wirkungsgrad bei normaler Belastung; er wird kleiner dann, wenn die Gefällsänderung so große Werte von (u/c_1) zur Folge hat, daß sich der Wirkungsgrad in den Einzelstufen auf dem fallenden Kurvenast bewegt. Aus den dargelegten Gründen erklärt sich die annähernde Konstanz des Wirkungsgrades im Niederdruckteil der Anzapfturbine.

Im Hochdruckteil tritt in einzelnen Stufen eine Gefällsvermehrung auf; sie ist um so größer, je größer die Entnahme (Fig. 79). Nach Vorausgehendem hat man mit einer Verschlechterung des Wirkungsgrades im Hochdruckteil der Turbine und einer Leistungsvermehrung bei steigender Entnahme zu rechnen (Fig. 83, 87, 88).

Das so gekennzeichnete Verhalten der Entnahmeturbine gestattet uns, wieder in Anlehnung an den von Dr. Loschge eingeschlagenen Weg, den Punkt der Zustandsänderung am Ende der Turbine annähernd im voraus zu bestimmen. Wie die Zustandsänderung für den vorliegenden Fall (Entnahme 3000 kg/Std.) zeigt, wird von der

Ohne Entnahme		Mit Entnahme (E = 3000 kg/Std.)		
Stufe	Stufengefälle	Stufe	Stufengefälle	Stufengefällszunahme %
6	12,37	6	21,1	70,5
5	12,37	5	14,61	18,1
4	12,37	4	13,25	7,1
3	12,37	3	12,8	4,2
2	15,8	2	15,8	0
1	15,8	1	15,8	0

Gefällsänderung im Hochdruckteil die Stufe 6, als die vor der Entnahmestelle liegende, am stärksten betroffen, wie auch aus vorstehender Zahlentafel zu entnehmen ist.

Die Isobare, auf der der neue Zustandspunkt 6′ liegt, ist bekannt nach dem Proportionalitätsgesetz für die durch den Niederdruckteil der Turbine strömende Dampfmenge.

$$p_6' \cong p_6 \frac{9000}{12000} \cong 2{,}4 \cdot \frac{9000}{12000} \cong 1{,}8 \text{ Atm. abs.}$$

Mit der Kenntnis der Isobare liegt auch das neue im Hochdruckteil verarbeitete gesamte adiabatische Wärmegefälle fest.

Die folgenden Überlegungen haben den Zweck, die Lage des Punktes 6′ im J—S-Diagramm ohne Aufzeichnung der genauen Zustandsänderung im voraus angenähert zu bestimmen; die Bestimmung setzt bei bekanntem adiabatischen Gefälle im Hochdruckteil und im Niederdruckteil der Turbine die Kenntnis des zu erwartenden Wirkungsgrades am Radumfang voraus.

Die Verschlechterung des Wirkungsgrades bei höheren Werten der Entnahme ist im Hochdruckteil in erster Linie durch die letzte Stufe bedingt, weil sie mit abnehmendem Werte von (u/c_1) arbeitet.

Die Gleichung für den Wirkungsgrad am Radumfang einer Stufe, wenn von der Ausnutzung der Austrittsgeschwindigkeit dieser Stufe in der folgenden abgesehen wird, lautet allgemein:

$$\eta_u = 2\,\varphi^2 \left(1 + \psi \frac{\cos\beta_2}{\cos\beta_1}\right) (\cos\alpha_1 - u/c_1)\,(u/c_1),$$

oder für unseren Fall

$$\eta_u = C \cdot (\cos\alpha_1 - u/c_1) \cdot (u/c_1);$$

bei $\alpha_1 = 15^0$ z. B. ist $\cos\alpha_1 = 0{,}966$, und da bei $(u/c_1) = 0{,}358$ in Stufe 6 ohne Entnahme $\eta_u = 0{,}67$ ist, so ergibt sich der Wert der Konstanten in vorstehender Gleichung zu $C = 3{,}08$. Nehmen wir an, daß die Stufe 6 an der Gefällszunahme allein teilnimmt, so würde diese Zunahme nach dem J—S-Diagramm (Fig. 79):

$$\Phi_I' - \Phi_I = 11 \text{ Kal.},$$

somit das adiabatische Gefälle in Stufe 6:

$$12{,}37 + 11 = 23{,}37 \text{ Kal.}$$

betragen. Der diesem Gefälle zugeordnete Wert für $(u/c_1)'$ folgt aus der Beziehung:

$$(u/c_1)' = (u/c_1) \sqrt{\frac{\Phi_6}{\Phi_6'}} \text{ zu } 0{,}2605,$$

wenn wir konstant bleibende Geschwindigkeitskoeffizienten voraussetzen. Es ist somit

$$\eta_{u_6}{}' = 3{,}08\,[\cos\alpha_1 - (u/c_1)']\,(u/c_1)' = 0{,}566$$

und

$$A\,L_{u_{6'}} = 0{,}566 \cdot 23{,}37 = 13{,}23 \text{ Kal.}$$

Trägt man im J—S-Diagramm vom Zustandspunkt 5 aus den Wert von $A \cdot L_{u6}'$ senkrecht nach unten ab, und geht man von dem so gefundenen Punkt horizontal herüber zur Isobare $p_6' = 1{,}8$ Atm. abs., so ist im Schnittpunkt der Horizontalen mit der Isobare in erster Annäherung die Lage des Punktes 6′ (bei Entnahme) bekannt. Durch die Zuweisung der gesamten Gefällsvergrößerung auf Stufe 6 allein und dem daraus folgenden Wert von η_{u6}' ist der Teilnahme der vorausgehenden Stufe an der Gefällsänderung einigermaßen Rechnung getragen.

Ist so Punkt 6′ gegeben, dann findet sich die Lage von 16′ im J—S-Diagramm, wie später gezeigt wird, und wie aus den Erörterungen von Dr. Loschge (Zeitschr. f. d. ges. Turb. 1911, S. 314 u. f.) zu schließen ist, aus der Tatsache, daß das gesamte Niederdruckwärmegefälle beim Betrieb mit Entnahme mit ungefähr gleichem Wirkungsgrad am Radumfang in Arbeit umgesetzt wird als beim Betrieb ohne Entnahme. Aus Fig. 79 findet sich:

$$\Phi_{II} = 129 \text{ Kal.}, \quad A\,L_{u_{II}} = 93{,}2 \text{ Kal.},$$

damit

$$\eta_{u_{II}} = 0{,}7226.$$

Der Wert von $\Phi_{II}' = 117{,}3$ Kal. ergibt mit $\eta_{u_{II}}' = \eta_{u_{II}} = 0{,}7226$ den Wert von $A\,L_{u_{II}}' = 84{,}7$ Kal. und damit Punkt 16′.

Eine Kontrolle für die Richtigkeit der Auffindung des Punktes 16′ ergibt der Umstand, daß die Zustandsänderung (mit Entnahme) im Punkte 1 mit der Zustandsänderung bei Betrieb ohne Entnahme zusammenfallen muß. Sollte man bei der ersten Annahme von Punkt 16′ nach Aufzeichnen der Zustandsänderung den Zustandspunkt 1 nicht erreichen, so gibt ein Umstand ein Mittel an die Hand, kleine Abweichungen von der richtigen Lage zu berücksichtigen, ohne daß es nötig wird, die ganze Zustandsänderung mit einer Neuwahl von Punkt 16′ nochmals durchzurechnen. Es zeigt sich, daß bei einer Neuannahme von 16′ die Zustandsänderung für gleichbezeichnende Zustandspunkte eine Lage auf Kurven konstanten Druckes ergibt. Man findet sonach den richtigen Verlauf sehr angenähert durch ein Parallelverschieben der ganzen Zustandsänderung auf Isobaren solange, bis Punkt 1′ mit 1 zusammenfällt.

3. Entnahmebetrieb. $E/G = 50\,\%$.

Mit steigender Entnahme sinkt die durch den Niederdruckteil der Turbine gehende Dampfmenge und damit in den letzten Stufen wegen der dort geringfügigen Änderung des spezifischen Volumens die Geschwindigkeit am Austritt der Leiträder. Analog wie bei der Entlastung der normalen Turbine arbeiten deshalb bei starker Dampfentnahme die letzten Stufen nach dem Reaktionsprinzip, aus Gründen, die in der Arbeit von Dr. Loschge ausführlich besprochen sind und auf die an dieser Stelle deshalb verwiesen sei. Die Reaktion tritt in um so stärkerem Maße auf, je weniger die Laufräder gegenüber den zugehörigen Leiträdern erweitert sind und je mehr nach dem Geschwindigkeitsdreieck (Fig. 81) das Verhältnis der Axialgeschwindigkeiten — im Vergleich zu dem bei Vollast — steigt.

Entnahme $50\,\%$ ($G = 12000$ kg/Std.)
Stufe 16.

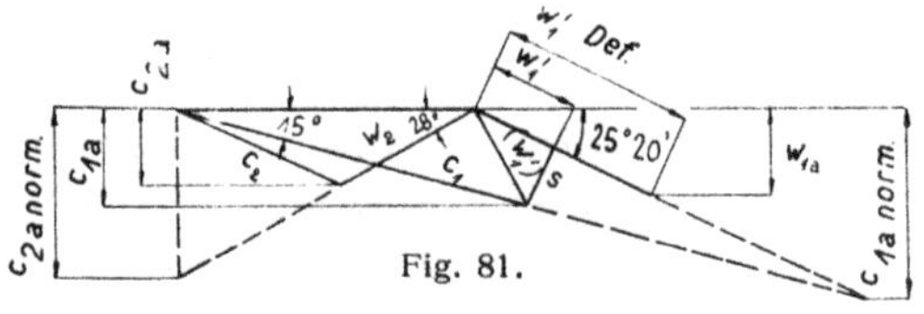

Fig. 81.

$$u = 131{,}8 \text{ m/sek.}$$
$$c_1 = 158{,}8 \quad ,,$$
$$(w_1') = \sqrt{w'^2_1 + s^2} = 46 \text{ m/sek.}$$
$$w_{1a} = \frac{1}{1{,}10} \cdot c_{1a}$$
$$w_1'{}_{def.} = 85{,}5 \text{ m/sek.}$$
$$c_{2a} = w_{1a} \frac{c_{2a\,normal}}{c_{1a\,normal}}$$
$$w_2 = 66{,}7 \text{ m/sek.}$$
$$c_2 = 80 \quad ,,$$

Als Ausgangspunkt für die Aufsuchung der neuen Zustandsänderung wurde nach der Näherungsrechnung der Punkt $p_c = 0{,}058$ Atm. abs. und $x = 0{,}916$, entsprechend $v = 22{,}6$ cbm/kg Dampf angenommen, damit ergibt sich eine absolute Austrittsgeschwindigkeit aus dem letzten Leitrad von

$$c_1 = \frac{6000 \cdot 22{,}6}{3600 \cdot 0{,}2351} = 158{,}8 \text{ m/Sek.}$$

Dem Geschwindigkeitsdreieck (Fig. 81) ist die Annahme zugrunde gelegt, daß die im Laufrad zur Verfügung stehenden Querschnitte um 10% größer ausgeführt sind, als es nach dem Geschwindigkeitsdiagramm bei Vollast nötig gewesen wäre. Mit den aus dem Diagramm ersichtlichen Annahmen über die Größe der Leit- und Laufradwinkel würde sich mit

$$c_1 = 158{,}8 \text{ m/Sek. und } u = 131{,}8 \text{ m/Sek.}$$

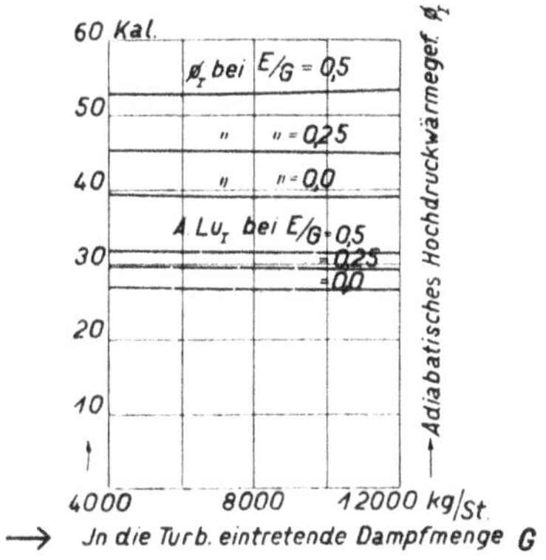

Fig. 82.

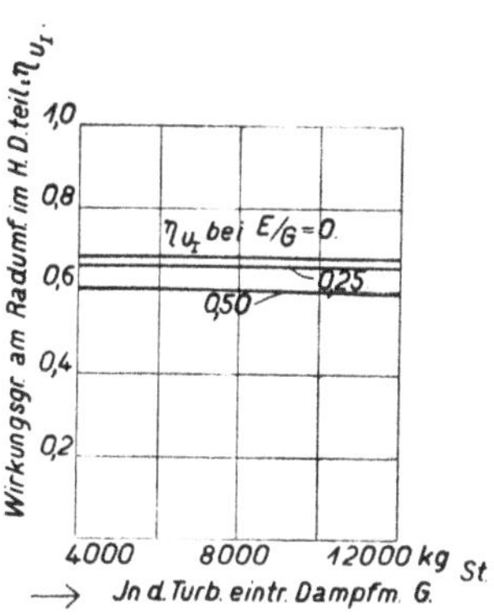

Fig. 83.

eine relative Eintrittsgeschwindigkeit (w_1') ins letzte Laufrad von 46 m/Sek. ergeben; zerlegt man die Geschwindigkeit in die beiden Komponenten w_1' in Richtung der Schaufel und s senkrecht dazu, so wird s als Stoßkomponente für die nutzbare Energieumwandlung verloren gehen. Dieser Teilbetrag der Geschwindigkeitsenergie wird in Wärme umgewandelt und im Betrage $\frac{A}{2g} \cdot s^2$ dem Dampf wieder zugeführt. Die relative Eintrittsgeschwindigkeit ins Laufrad muß nach dem Kontinuitätsgesetz der Strömung, bei dem vorausgesetzten Querschnittsverhältnis für Leit- und Laufräder, den Betrag

$$w_1'{}_{\text{definitiv}} = 85{,}5 \text{ m/Sek},$$

besitzen, der sich ergibt aus der Beziehung

$$w_{1_a} = \frac{1}{1{,}1} \cdot c_{1_a}.$$

Die Geschwindigkeitserhöhung von

$$w_1' = 38 \text{ m/Sek. auf } w_{1\,\text{def.}}' = 85{,}5 \text{ m/Sek.}$$

bedingt einen Aufwand an Wärmegefälle beim Eintritt ins Laufrad im Betrage von

$$\frac{A}{2g}\left(w_{1\,\text{def.}}'^2 - w_1'^2\right) \text{ Kal.}$$

Bei der angenommenen Konstanz des Geschwindigkeitskoeffizienten ψ ist im Laufrad ein weiterer Aufwand an Wärmegefälle nicht nötig, so daß das gesamte in Stufe 16 nötige Gefälle sich ergibt zu

$$\Phi_{16} = \frac{A}{2g}\,\frac{c_1^2}{1+\zeta} + \frac{A}{2g}\left(w_{1\,\text{def.}}'^2 - w_1'^2\right) = 3{,}42 + 0{,}70 = 4{,}12 \quad \text{Kal.}$$

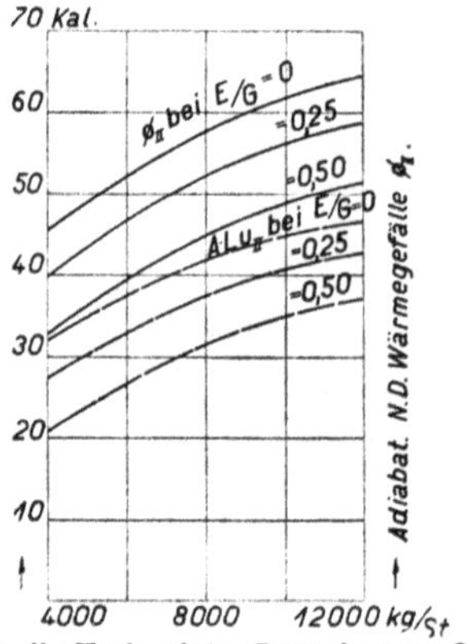

→ In die Turb. eintr. Dampfmenge G

Fig. 84.

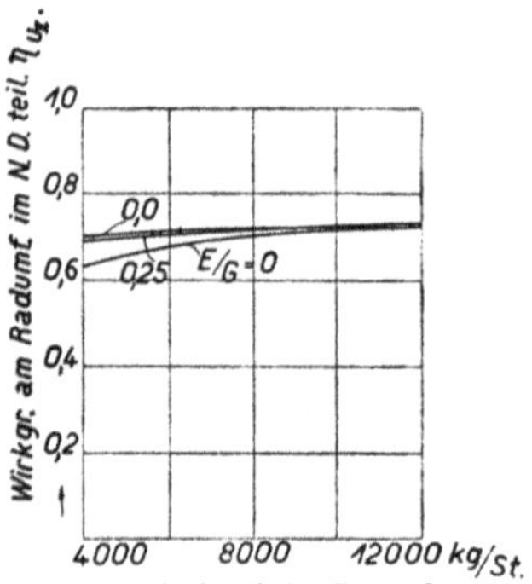

→ In die Turb. eintr. Dampfmenge G

Fig. 85.

Die Arbeit am Radumfang ist

$$A L_{u_{16}} = A \frac{u}{g} (c_1 \cos \alpha_1 - c_2 \cos \alpha_2) = 2{,}51 \quad \text{Kal.}$$

sie findet sich auch aus der Energiebilanz:

Zur Verfügung stehendes Wärmegefälle: $\Phi_{16} = 4{,}12$ »

hievon ab:

Leitradverlust: $\zeta \cdot \Phi_{16\,\text{Leitrad}} = 0{,}12 \cdot 3{,}42 = 0{,}41$ »

Stoßverlust beim Eintritt ins Laufrad:

$$\frac{A}{2g} s^2 = 0{,}0001193 \cdot 28^2 = 0{,}0935 \quad »$$

Laufradverlust: $(w_2 = 0{,}78 \cdot w_{1\,\text{def.}}')$

$$\frac{A}{2g} (w_{1\,\text{def.}}'^2 - w_2^2) = 0{,}0001193 \cdot (85{,}5^2 - 66{,}7^2) = 0{,}342 \quad »$$

Austrittsverlust: $\frac{A}{2g} c_2^2 = 0{,}0001193 \cdot 80^2 = 0{,}763$ »

Σ-Verluste: $= 1{,}6085$ »

$$A L_{u_{16}} = 4{,}12 - 1{,}6085 = 2{,}51 \quad »$$

Mit dem Wert für Σ-Verluste bzw. $AL_{u_{16}}$ ist wieder wie früher im J—S-Diagramm der Zustand vor Stufe 16 bzw. nach Stufe 15 bekannt und durch wiederholte Anwendung des gleichen Verfahrens auch die Zustandsänderung längs der ganzen Turbine (Fig. 79).

In den Zahlentafeln III u. IV findet sich (im Zusammenhang mit Fig. 79) die Zusammenstellung der wichtigsten Größen zur Aufzeichnung der Zustandsänderung für den Betrieb mit 0 bzw. 3000 und 6000 kg Entnahme pro Stunde.

Auffällig ist die starke Geschwindigkeitssteigerung nach der Entnahmestufe mit größer werdendem E. Die Geschwindigkeit steigt

Zahlentafel IV.

$G = 12\,000$ kg/Std.; $E = 6000$ kg/Std., d. h. $E/G = 50\,\%$.

Stufe	p Atm. abs.	x bez. t^0 C	v cbm/kg	c_1 m/sek	w_1 m/sek	w_2 m/sek	c_2 m/sek	s m/sek	Leitrad-verlust (Kal.)	Laufrad-verlust (Kal.)	Austritts-verlust (Kal.)	Stoß-verlust (Kal.)	Σ-Verluste (Kal.)	Adiab. Stufen-wärmegefälle (Kal.)
	an der Austrittsstelle (Leitrad)													
16	0,058	0,916	22,6	158,8	85,5	66,7	80	28	0,41	0,342	0,763	0,0935	1,6085	4,12
15	0,0671	0,918	19,65	208,3	113	88,1	68	19	0,707	0,597	0,552	0,043	1,899	6,53
14	0,082	0,922	16,6	258	142	110,7	63	10	1,082	0,943	0,474	0,012	2,511	9,24
13	0,11	0,929	12,68	287,2	164	128	64	—	1,34	1,254	0,49	—	3,084	11,18
12	0,1543	0,937	9,3	305	181	141,2	67,5	—	1,513	1,537	0,546	—	3,596	12,6
11	0,225	0,946	6,59	301,5	177,2	138,2	66,5	—	1,48	1,468	0,528	—	3,476	12,34
10	0,32	0,955	4,845	306,6	181,5	141,5	67,8	—	1,53	1,365	0,544	—	3,449	12,75
9	0,46	0,965	3,44	299	175	136,5	66	—	1,453	1,44	0,517	—	3,41	12,15
8	0,625	0,975	2,61	299,6	199	155	78,5	—	1,465	1,86	0,735	—	4,06	12,2
7	0,86	0,983	1,95	297,5	195	152,2	75	—	1,438	1,757	0,677	—	3,872	12,0
6	1,16	0,955	1,434	574	470	366,5	275	40	0,19	10,34	9,025	0,19	24,915	44,7
5	3,45	140	0,545	282	180	140,4	67	—	1,29	1,52	0,536	—	3,346	10,76
4	4,35	157	0,449	290	187,5	146,2	71,2	—	1,37	1,645	0,606	—	3,621	11,4
3	5,564	172	0,3618	291	187,5	146,2	71,2	—	1,37	1,645	0,608	—	3,623	11,47
2	7,06	190	0,2964	339	236	184	101	—	1,863	2,608	1,229	—	5,69	15,6
1	9,63	212	0,227	336	235	183	100	—	1,853	2,60	1,21	—	5,66	10,3

von dem Wert 302,2 auf 394 bzw. 574 m/Sek. an und übersteigt mit letzterem Betrag die Schall- bzw. kritische Geschwindigkeit.

Nach den bisherigen Anschauungen ließen sich Geschwindigkeiten, die über der kritischen lagen, mit einfachen Zöllyleiträdern nicht erreichen. Man zog diese Schlußfolgerung aus den von de Saint

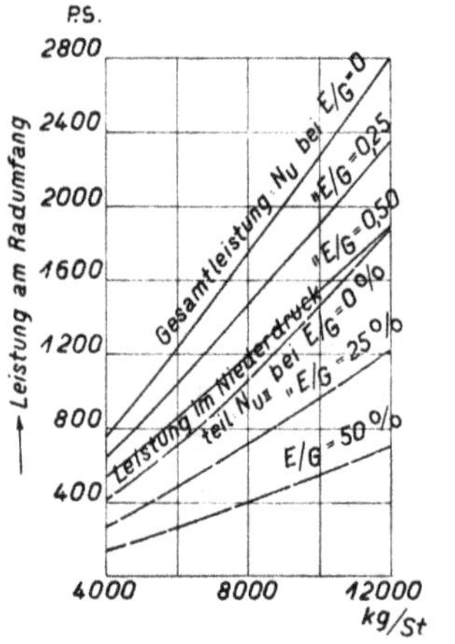

→ In die Turb. eintr. Dampfmenge *G*
Fig. 86.

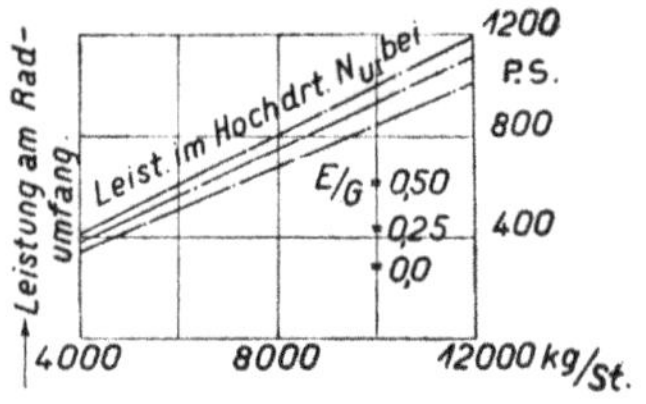

→ In die Turb. eintr. Dampfmenge
Fig. 87.

Venant & Wantzel aufgestellten, von Zeuner erweiterten, für einfache Mündungen geltenden Gleichungen über die Strömung von gasförmigen Körpern. Danach ist die Durchflußmenge pro Querschnittseinheit der Mündung (G/F) bei einem Verhältnis der beiden nach bzw. vor der Mündung herrschenden Drucke $(p_2/p_1) = 1$ Null, sie steigt bei abnehmendem Wert dieses Verhältnisses an und erreicht bei dem sogenannten kritischen Druckverhältnis, das für Gase, überhitzte bzw. gesättigte Dämpfe (abhängig vom Exponenten k der Adiabate) verschieden ist, ihren Höchstwert, den sie bei weiterer Abnahme von $\left(\frac{p_2}{p_1}\right)$ über das kritische Druckverhältnis hinaus unverändert beibehält.

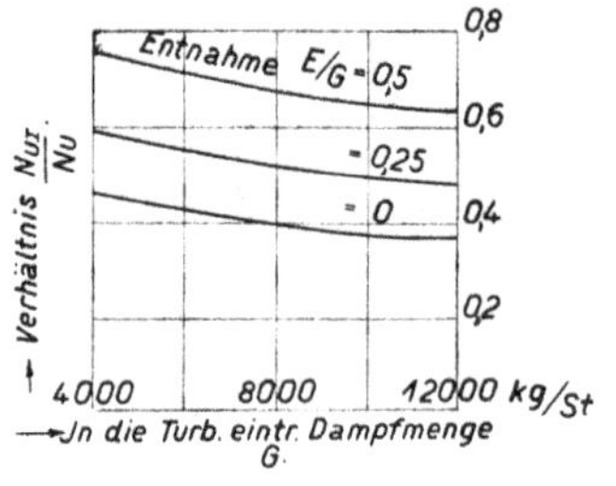

Fig. 88.

Außer anderen Forschern (Stodola, Gutermuth, Rateau usw.) fand Bendemann (Forschungsarbeiten Heft 37) die Richtigkeit der de St. Venant-Formel bei seinen Versuchen über den Ausfluß von gesättigtem und überhitztem Dampf im Charakter des Kurvenverlaufs bestätigt, doch zeigten die experimentell gefundenen Werte des Verhältnisses G/F in ihrem Absolutbetrag kleine Abweichungen von der Theorie. Es zeigte sich, daß die Werte durchgängig, bei den verschiedenen Druckverhältnissen, etwas über den Werten gelegen waren, die die Rechnung nach der Gleichung von de Saint Venant & Wantzel ergeben hat.

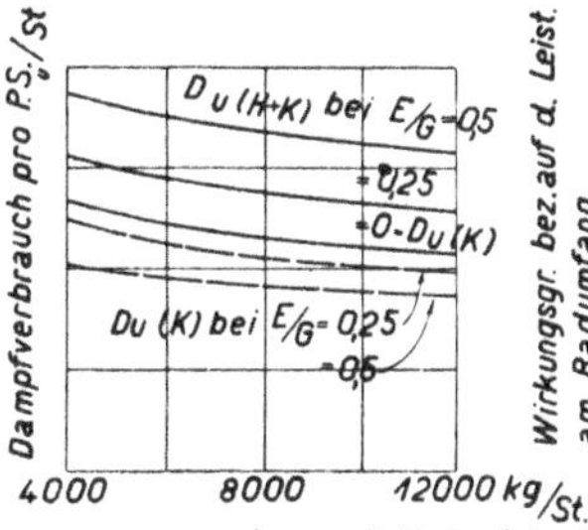

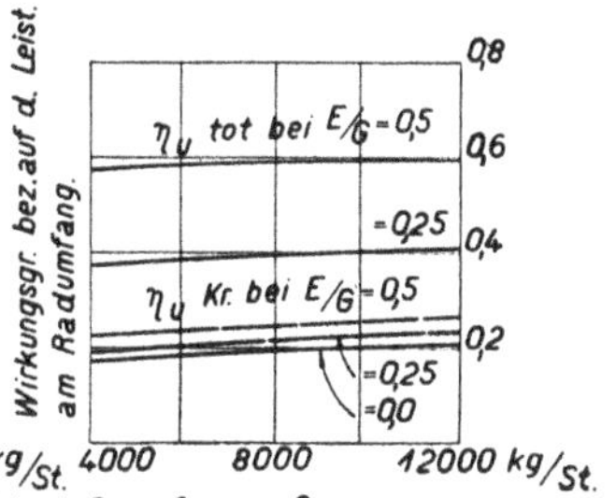

→ Jn die Turb. eintret. Dampfmenge G.

Fig. 89. Fig. 90.

Eine Erklärung für diese Erscheinung erkennt Dr. Loschge (Zeitschr. d. V. d. I. 1912, S. 60 u. f.), der zur Klarstellung der Verhältnisse umfangreiche Versuche angestellt hat, bei Mündungen mit kurzem zylindrischen Ansatz und glatter Oberfläche, bei denen also

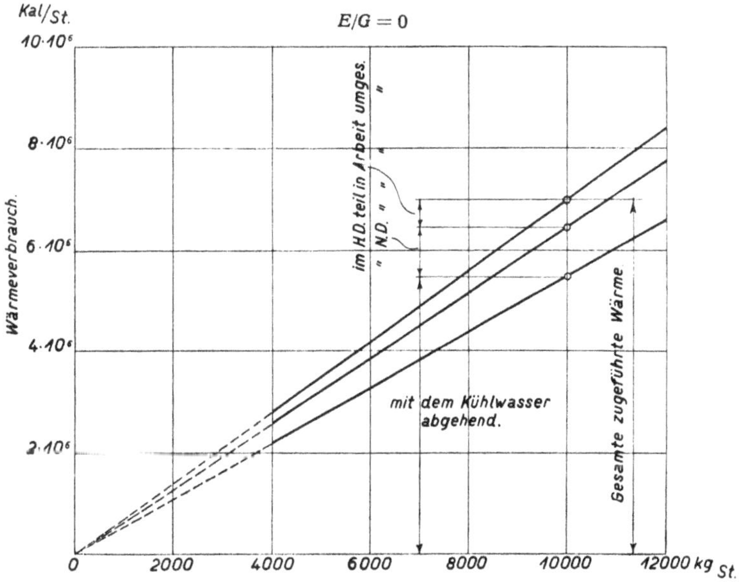

→ In die Turbine eintretende Dampfmenge G.

Fig. 91.

reibungsfreie Expansion angenommen werden kann, in einer physikalischen Erscheinung, die von ihm als »Überkondensation« bzw. »Unterkühlung« bezeichnet wird, je nachdem es sich um gesättigten oder überhitzten Dampf handelt.

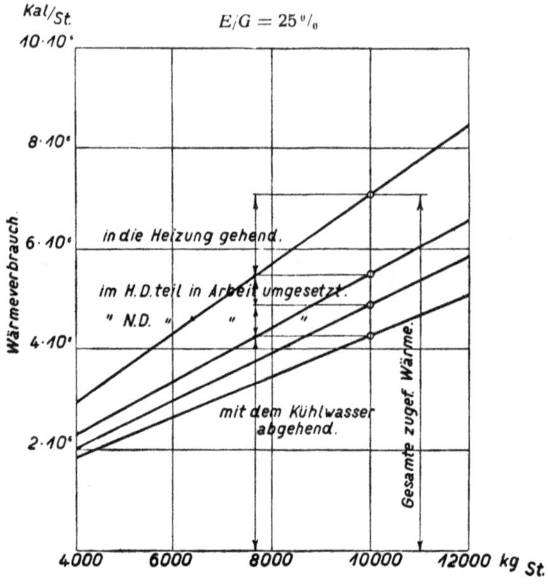

Fig. 92.

Dr. Loschge fand im wesentlichen den von Dr. Bendemann gefundenen Verlauf der Dampfaufnahme in ihrer Abhängigkeit vom

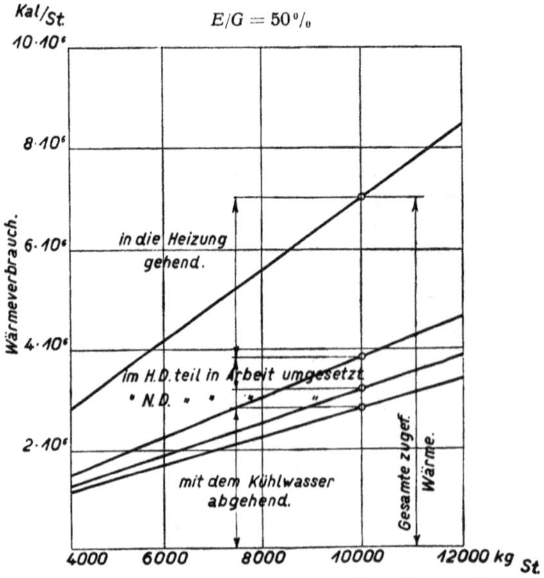

Fig. 93.

Verhältnis p_2/p_1 bestätigt; er fand, daß die Höchstgeschwindigkeit beim Durchfluß von Dampf durch einfache Mündungen etwa 10 bis 12% über der »kritischen Geschwindigkeit« liegen kann.

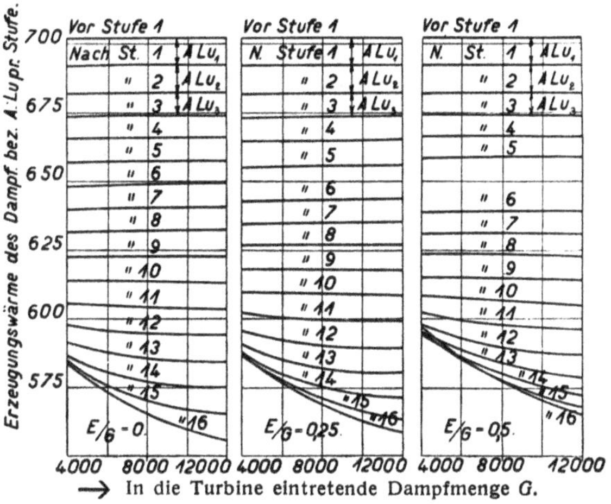

Fig. 94.

Das Verhalten der einfachen Mündungen ohne Erweiterung und mit zylindrischem Ansatz läßt sich nun nicht, wie bisher allgemein geschehen, auf Zöllyleiträder mit Schrägabschnitt übertragen, vielmehr verhalten sich diese bezüglich der Druck- und Strömungsverhältnisse nur bis zu dem Querschnitt, bei dem der Schrägabschnitt beginnt, wie einfache Mündungen. Die Versuche von Dr. Christlein und Dr. Loschge haben gezeigt, daß es sehr wohl möglich ist, mit Zöllyleitvorrichtungen, die Schrägabschnitt besitzen, Geschwindigkeiten bis zu 800 m/Sek. und mehr zu erzeugen, solche also, die weit

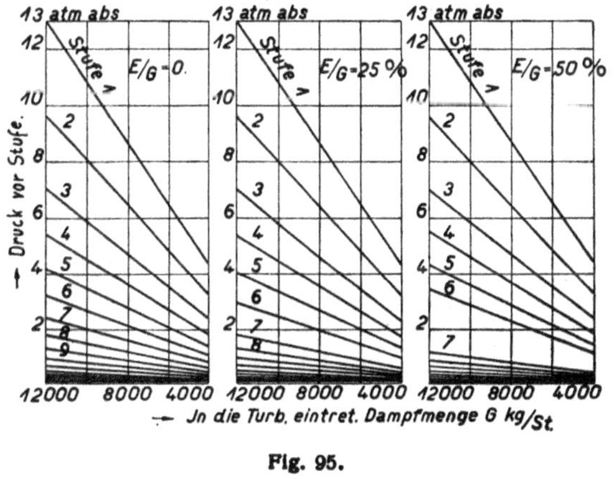

Fig. 95.

Zahlen-

In die Turbine eintretende Dampfmenge in kg/Std.	G:	12 000
Dampfentnahme nach Stufe 6 in kg/Std.	E:	0
Dampfentnahme nach Stufe 6 in Prozenten von $G =$	E/G:	0
Adiabatisches Gesamtgefälle im Hochdruckteil. Kalorien pro kg Dampf	Φ_I:	78,3
Hiervon am Radumfang in Arbeit umgesetzt: Kalorien pro kg Dampf	AL_{uI}:	53,2
Wirkungsgrad am Radumfang im Hochdruckteil der Turbine: $\frac{AL_{uI}}{\Phi_I} =$	η_{uI}:	0,6795
Adiabatisches Gesamtgefälle im Niederdruckteil. Kalorien pro kg Dampf	Φ_{II}:	129
Hiervon am Radumfang in Arbeit umgesetzt: Kalorien pro kg Dampf	AL_{uII}:	93,2
Wirkungsgrad am Radumfang im Niederdruckteil der Turbine: $\frac{AL_{uII}}{\Phi_{II}} =$	η_{uII}:	0,7226
Leistung am Radumfang im Hochdruckteil: $\frac{G \cdot A \cdot L_{uI}}{632,3} =$	N_{uI}:	1011
Leistung am Radumfang im Niederdruckteil: $\frac{(G-E) \cdot AL_{uII}}{632,3} =$	N_{uII}:	1770
Gesamte am Radumfang erzeugte Leistung in Pferdestärken: $N_{uI} + N_{uII} =$	N_u:	2781
Verhältnis der Hochdruckleistung zur Gesamtleistung: $\frac{N_{uI}}{N_u}$:		0,3635
Dampfverbrauch pro Leistungseinheit der Kraftheizungsanlage: $\frac{G}{N_u}$ (kg/Std.);	$D_{u\,(K+H)}$:	4,315
Wärmeverbrauch pro Leistungseinheit der Kraftheizungsanlage: $D_{u\,(K+H)} \cdot i_1$ (Kal./Std.);	$W_{u\,(K+H)}$:	3025
Gesamter Wärmeverbrauch der Kraftheizungsanlage: $W_{u\,(K+H)} \cdot N_u$ (Kal./Std.);	$W_{(K+H)}$:	8 424 000
Gesamter Wärmeverbrauch der Heizung allein: $E \cdot i_2$ (Kal./Std.);	$W_{(H)}$:	0
Gesamter Wärmeverbrauch der Krafterzeugung: $W_{(K+H)} - W_H$ (Kal./Std.);	W_K:	8 424 000
Wärmeverbrauch pro Leistungseinheit der Krafterzeugung: $\frac{W_K}{N_u}$ (Kal./Std.);	$W_{u(K)}$:	3025
Red. Dampfverbrauch pro Leistungseinheit der Krafterzeugung: $\frac{W_{u\,(K)}}{i_1}$ (kg/Std.);	$D_{u\,(K)}$:	4,315
Von der gesamten zugeführten Wärme im Hochdruckteil in Arbeit verwandelt: $N_{uI} \cdot 632,3$ (Kal.)		639 000
Von der gesamten zugeführten Wärme im Niederdruckteil in Arbeit verwandelt: $N_{uII} \cdot 632,3$ (Kal.)		1 118 500
Gesamte nutzbar gemachte Wärme $632,3 \cdot N_u + W_H$ (Kal.);	$W_{\text{nutzb.}}$:	1 757 500
Gesamtwirkungsgrad der Energieumsetzung: $\eta_{u\,tot} = \frac{W_{\text{nutzb.}}}{W_{(K+H)}}$:		0,2086
Wirkungsgrad am Radumfang der Krafterzeugung: $\eta_{u\,(K)} = \frac{632,3}{W_{u\,(K)}}$:		0,2086

tafel V.

8000	4000	12 000	8000	4000	12 000	8000	4000
0	0	3000	2000	1000	6000	4000	2000
0	0	25	25	25	50	50	50
78,3	79	89,7	90	90,3	106,5	105,7	105,4
53,3	54	58,73	59,17	59,67	63	63	63,8
0,681	0,6835	0,655	0,6573	0,661	0,5915	0,596	0,605
115,2	90,83	117,5	104,3	79,1	102,7	89,1	65,15
83,3	64,0	85,6	74,7	54,7	74	62,5	41
0,723	0,705	0,7285	0,716	0,692	0,720	0,7015	0,63
675	341,7	1116	749	377,8	1196	797	404
1055	405	1218	709	259,8	702	395,5	129,8
1730	746,7	2334	1458	637,6	1898	1192,5	533,8
0,3905	0,4575	0,478	0,514	0,596	0,63	0,668	0,757
4,625	5,36	5,14	5,53	6,27	6,325	6,70	7,495
3246	3761	3608	3742	4500	4440	4710	5260
5 616 000	2 808 000	8 424 000	5 616 000	2 808 000	8 424 000	5 616 000	2 808 000
0	0	1 929 900	1 285 600	642 300	3 835 000	2 557 000	1 277 000
5 616 000	2 808 000	6 494 100	4 330 400	2 165 700	4 589 000	3 059 000	1 531 000
3246	3761	2781	2970	3500	2418	2565	2869
4,625	5,36	3,962	4,23	4,985	3,445	3,655	4,085
426 700	216 000	733 000	473 500	238 800	756 000	503 500	255 400
667 000	256 000	770 000	448 000	163 750	443 500	250 000	82 000
1 093 700	472 000	3 432 900	2 206 600	1 044 850	5 034 500	3 310 500	1 614 400
0,1948	0,1682	0,4076	0,3928	0,372	0,5975	0,5895	0,575
0,1948	**0,1682**	**0,2315**	**0,2128**	**0,186**	**0,2615**	**0,2465**	**0,2204**

Zahlentafel VI.

Wärmeinhalt des Dampfes pro kg.

G	12000	8000	4000	12000	8000	4000	12000	8000	4000
E/G	0%			25%			50%		
vor Stufe 1	702	702	702	702	702	702	702	702	702
nach Stufe 1	692,2	692,3	691,8	692,2	692	691,8	692	692	692
„ „ 2	682,1	682,1	681,9	682,1	681,6	681,6	682,1	682	681,7
„ „ 3	673,8	674	673,7	673,7	673,2	673	674	674	674
„ „ 4	665,7	665,7	665,4	665	664,3	664,3	666,3	666,3	666
„ „ 5	657,3	657,3	656,7	655,7	655,2	654,7	658,8	658,8	658
„ „ 6	649	648,9	648,1	643,3	642,8	642,4	639	639	638,3
„ „ 7	640,3	640,4	639,7	635	634,6	634,3	630,7	631	630,5
„ „ 8	632	631,7	631,6	626,7	626,5	626,6	622,7	623,3	623,3
„ „ 9	622,5	622,8	622,4	617,5	617,5	617,9	614	614,3	615
„ „ 10	612,8	613,3	613,7	608,3	608,4	609,6	604,7	606	608,2
„ „ 11	603,3	604	605,5	599	599,2	602,1	595,8	597,7	602,2
„ „ 12	593,8	594,6	597,5	589,3	590,2	595,5	586,8	589,7	597,7
„ „ 13	584,2	585,3	591,2	580,2	581,7	590,8	578,7	583,7	595,2
„ „ 14	575	576,8	586,7	571,2	575	587,9	572	579,3	594,3
„ „ 15	565,3	570	584,5	563,3	570,5	587	567,4	577,1	595,2
„ „ 16	555,6	565,5	583,8	557,9	568,2	587,6	565	576,5	597,3

Am Radumfang in Arbeit umgesetzt (Kal. pro kg Dampf).

G	12000	8000	4000	12000	8000	4000	12000	8000	4000
E/G	0%			25%			50%		
in Stufe 1	9,8	9,7	10,2	9,8	10,0	10,4	10	10	10
„ „ 2	10,1	10,2	9,9	10,1	10,6	10,2	9,9	10	10,3
„ „ 3	8,3	8,1	8,2	8,4	8,4	8,6	8,1	8,0	7,7
„ „ 4	8,1	8,3	8,3	8,7	8,9	8,7	7,7	7,7	8,0
„ „ 5	8,4	8,4	8,7	9,3	9,1	9,6	7,5	7,5	8,0
„ „ 6	8,3	8,4	8,6	12,4	12,4	12,3	19,8	19,8	19,7
„ „ 7	8,7	8,5	8,4	8,3	8,2	8,1	8,3	8,0	7,8
„ „ 8	8,3	8,7	8,1	8,3	8,1	7,7	8,0	7,7	7,2
„ „ 9	9,5	8,9	9,2	9,2	9,0	8,7	8,7	9,0	8,3
„ „ 10	9,7	9,5	8,7	9,2	9,1	8,3	9,7	8,3	6,8
„ „ 11	9,5	9,3	8,2	9,3	9,2	7,5	8,9	8,3	6,0
„ „ 12	9,5	9,4	8,0	9,7	9,0	6,6	9,0	8,0	4,5
„ „ 13	9,6	9,3	6,3	9,1	8,5	4,7	8,1	6,0	2,5
„ „ 14	9,2	8,5	4,5	9,0	6,7	2,9	6,7	4,4	0,9
„ „ 15	9,7	6,8	2,2	7,9	4,3	0,9	4,6	2,2	— 0,9
„ „ 16	9,7	4,5	0,7	5,4	2,5	— 0,6	2,4	0,6	— 2,1

Zahlentafel VII. Druckverlauf.

G : kg/Std.	12000	8000		4000		12000	8000		4000		12000	8000		4000	
E/G : %	0 %					25 %					50 %				
Druck Atm. abs.	p	p'	Verhältnis $\frac{p'}{p}$	p''	Verh. $\frac{p''}{p}$	p	p'	Verh. $\frac{p'}{p}$	p''	Verh. $\frac{p''}{p}$	p	p'	Verh. $\frac{p'}{p}$	p''	Verh. $\frac{p''}{p}$
nach Stufe 16	0,058	0,058	1,0	0,058	1,0	0,058	0,058	1	0,058	1	0,058	0,058	1,0	0,058	1,00
vor Stufe 16	0,091	0,0715	0,786	0,0628	0,69	0,075	0,067	0,892	0,0605	0,807	0,0671	0,0623	0,928	0,0594	0,885
„ „ 15	0,138	0,097	0,703	0,071	0,515	0,105	0,081	0,771	0,065	0,619	0,082	0,07	0,854	0,06155	0,75
„ „ 14	0,208	0,14	0,673	0,085	0,409	0,156	0,108	0,693	0,075	0,480	0,11	0,086	0,781	0,0664	0,604
„ „ 13	0,310	0,204	0,658	0,1115	0,36	0,23	0,155	0,674	0,0915	0,398	0,1543	0,111	0,719	0,075	0,486
„ „ 12	0,45	0,296	0,658	0,156	0,346	0,335	0,223	0,666	0,12	0,358	0,225	0,1543	0,685	0,0905	0,402
„ „ 11	0,645	0,43	0,667	0,215	0,333	0,482	0,32	0,664	0,1625	0,337	0,32	0,214	0,669	0,1165	0,364
„ „ 10	0,92	0,606	0,659	0,295	0,321	0,680	0,45	0,662	0,275	0,331	0,46	0,298	0,648	0,155	0,337
„ „ 9	1,3	0,85	0,654	0,420	0,325	0,95	0,635	0,669	0,3125	0,329	0,625	0,4176	0,668	0,209	0,332
„ „ 8	1,78	1,17	0,657	0,57	0,32	1,30	0,86	0,662	0,42	0,326	0,86	0,5685	0,661	0,28	0,326
„ „ 7	2,40	1,575	0,656	0,765	0,319	1,80	1,17	0,650	0,565	0,314	1,16	0,766	0,66	0,375	0,323
„ „ 6	3,20	2,12	0,663	1,04	0,325	2,95	1,95	0,661	0,94	0,319	3,45	2,28	0,661	1,0925	0,317
„ „ 5	4,18	2,78	0,665	1,37	0,328	4,06	2,7	0,665	1,315	0,324	4,35	2,875	0,661	1,4	0,322
„ „ 4	5,42	3,63	0,670	1,8	0,332	5,4	3,56	0,660	1,77	0,328	5,564	3,687	0,663	1,831	0,329
„ „ 3	7,08	4,68	0,661	2,35	0,332	7,08	4,6	0,650	2,32	0,328	7,06	4,7	0,666	2,335	0,3305
„ „ 2	9,62	6,47	0,673	3,21	0,333	9,62	6,47	0,672	3,21	0,334	9,62	6,45	0,671	3,21	0,3335
„ „ 1	13,0	8,66	0,666	4,33	0,333	13	8,66	0,667	4,33	0,333	13	8,66	0,666	4,33	0,333

über der kritischen und weit über denen gelegen sind, die sich mit einfachen Mündungen mit zylindrischem Ansatz erreichen lassen. Nach den Christleinschen Versuchen ist mit wachsender Expansion in der Leitvorrichtung eine Zunahme im Wirkungsgrad der Energie-

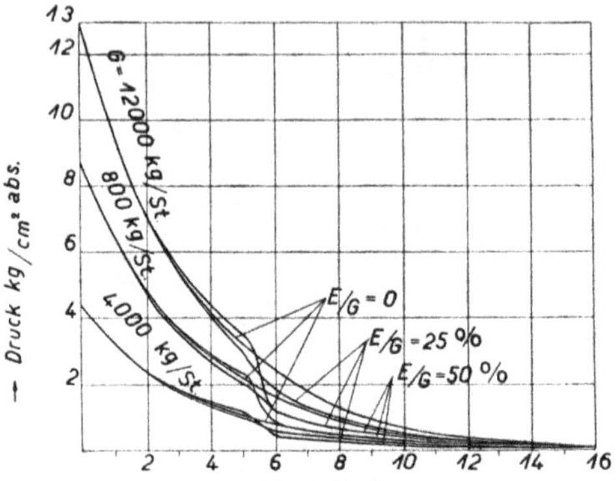

Fig. 96.

umwandlung zu verzeichnen. Dieser Erkenntnis ist in den vorstehenden und folgenden Rechnungen keine Beachtung geschenkt, vielmehr ein unveränderlicher Wert des Koeffizienten beibehalten worden,

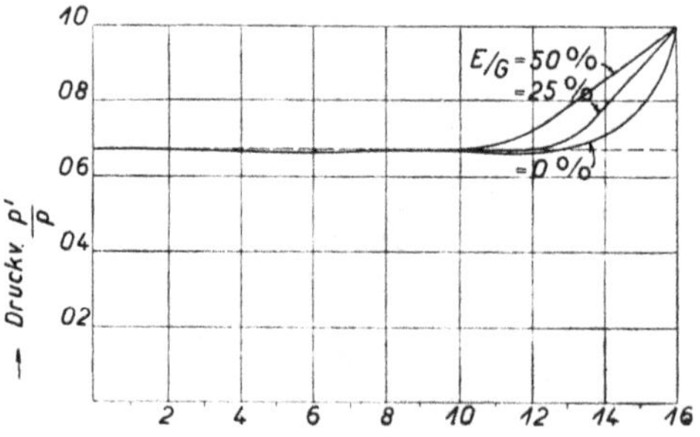

Fig. 97.

einerseits zur Vereinfachung der Rechnung, anderseits aus Gründen, die bereits früher (Abschnitt I, S. 23) gestreift wurden.

Die Untersuchungen über den zu erwartenden Verlauf der Zustandsänderung des Dampfes im J—S-Diagramm wurden, wie Fig. 79 und Zahlentafel V erkennen lassen, noch ausgedehnt auf die beiden Fälle, daß den Hochdruckteil der Turbine 8000 bzw. 4000 kg/Std. und den Niederdruckteil 75 bzw. 50% der Hochdruckdampfmenge passieren. Besonderheiten gegenüber dem beschriebenen Verfahren für die Zustandsänderung treten dabei nicht mehr auf. Die Zahlentafel V enthält die wichtigsten uns interessierenden Größen, die in den Abbildungen Fig. 82 bis 93 zur Darstellung gebracht sind. Die Zahlen-

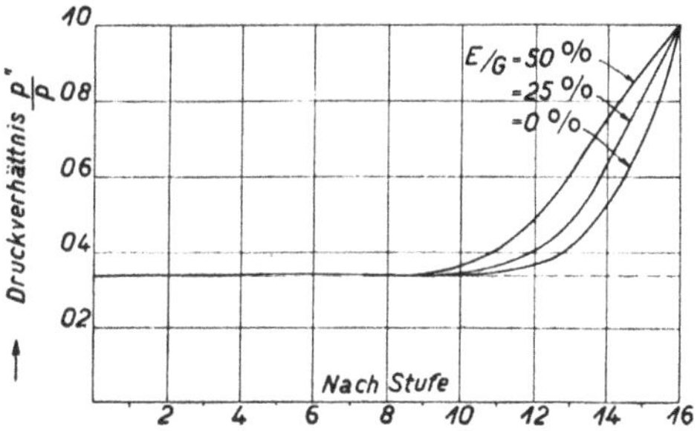

Fig. 98.

tafeln VI und VII wie die Fig. 94 bis 98 enthalten, aus dem J—S-Diagramm folgend, die Daten zur Bestimmung des Druckverlaufs längs der Turbine.

Zusammenfassung.

Im Abschnitt I werden an Hand mathematischer Entwicklungen bzw. rechnerisch graphischer Methoden zunächst für die üblichen Ausführungsformen der stationären Curtisentnahmeturbine die Bedingungen gesucht für die Größe der in den Einzelstufen nötigen Umfangsgeschwindigkeiten, die den höchst erreichbaren Wirkungsgrad der Energieumsetzung in der Turbine erwarten lassen bei bestimmtem Werte des Druckes, mit dem Dampf für irgendwelche Zwecke nach einer Stufe der Turbine entnommen wird.

Unter Annahme konstanter Energieverlustkoeffizienten wird der absolute Höchstwert vorgenannten Wirkungsgrades bestimmt, ferner bei Turbinen mit Umfangsgeschwindigkeiten, die in allen Stufen gleich sind, der günstigste Wert für erstere und das damit erreichbare relative Maximum des Wirkungsgrades am Radumfang bzw. an der Turbinenwelle.

Die Untersuchungen zeigen, wann und in welchem Grade eine Turbinenbauart der andern hinsichtlich Wirtschaftlichkeit überlegen ist.

Ferner sind kurz die Grenzen gestreift, innerhalb deren die Größe der Schaufelwinkel und die Voraussetzung variabler Verlustkoeffizienten nach vorliegenden Versuchsergebnissen den Wirkungsgrad verändern können.

Für Leitrad- und kombinierte Turbinen wird gezeigt, daß zur Erreichung des vorgenannten Wirkungsgrades die Dampfentnahme keine grundsätzlichen Änderungen der Konstruktionsprinzipien solcher gegenüber normalen Turbinen (ohne Entnahme) bedingt, daß die Dampfentnahme aber, wegen der in ihrem Gefolge stehenden relativ großen Dampfmenge, die den Hochdruckteil der Turbine passiert, für diesen günstige Bedingungen ergibt, welche Bauart und Wirkungsgrad verbessern können.

An Hand von Diagrammen ist weiter der Einfluß der Entnahmemenge auf die Leistungsverteilung in der Turbine dargelegt, ferner auf Dampf- und Wärmeverbrauch für die kombinierte Anlage sowohl, als für Krafterzeugung und Heizung getrennt.

Im Abschnitt II wird das Verhalten einer in ihren Abmessungen gegebenen Turbine untersucht für die in der Praxis üblichen Regulierungsarten bei veränderlicher Belastung der Anlage.

Die Untersuchungen erstrecken sich auf die Bestimmung der Größen, die die Wirtschaftlichkeit kennzeichnen, und sie stützen sich auf die genaue Bestimmung der Zustandsänderung des Dampfes beim Durchströmen der Turbine (für alle Belastungsarten) unter weitgehendster Verwendung graphischer Methoden an Hand des Mollierschen J—S-Diagrammes.

Dabei sind zur Untersuchung die beiden Fälle herangezogen, daß:

1. die durch den Niederdruckteil der Turbine gehende Dampfmenge unter der Herrschaft eines automatischen Reglers steht, der vom Heizungsdruck so beeinflußt wird, daß der Dampfdruck vor dem Niederdruck-Regulierventil konstant bleibt.

2. ein solcher Regler nicht vorhanden ist, der Dampf vielmehr aus der Turbine, abhängig von der Menge, mit veränderlichem Druck entnommen und die Aufgabe der Konstanthaltung des Heizungsdruckes einem in die Heizleitung eingeschalteten Druckminderventil zugewiesen wird.

www.ingramcontent.com/pod-product-compliance
Lightning Source LLC
Chambersburg PA
CBHW081228190326
41458CB00016B/5714
* 9 7 8 3 4 8 6 7 4 2 0 3 9 *